Heidelberger Taschenbücher Band 13

Quantenmechanik
in algebraischer Darstellung

H. S. Green

Springer-Verlag Berlin Heidelberg New York 1966

Titel der englischen Originalausgabe: Matrix Mechanics. P. Noordhoff Ltd. Scientific Publications, Groningen/Niederlande
Übersetzer: Dr. Winfried Schmidt, Karlsruhe

ISBN-13: 978-3-540-03562-6 e-ISBN-13: 978-3-642-94962-3
DOI: 10.1007/978-3-642-94962-3

Library of Congress Catalog Card Number 66-14576
Titel-Nr. 7294

Vorwort zur deutschen Ausgabe

Die Anregung zur Übersetzung dieses Buches ist von Herrn Professor MAX BORN ausgegangen. Sein besonderer Vorzug ist die Darstellung der Matrizenmechanik in einer der modernen theoretischen Physik angemessenen Form. Der Verfasser demonstriert die vielseitige Anwendbarkeit algebraischer Methoden an zahlreichen Beispielen, insbesondere auch solchen, die dieser Behandlungsweise weit weniger zugänglich erscheinen als der Schrödingerschen. So führt dieses Buch den Studenten auf einem anderen Weg in die Quantenmechanik ein, als es üblicherweise in den Kursvorlesungen und in den deutschen Lehrbüchern geschieht, und bietet eine wertvolle Ergänzung zu diesen. Der Anfänger wird aus seinem Studium ein vertieftes Verständnis gewinnen, aber auch dem Kenner wird die Lektüre manche Anregung vermitteln.

Karlsruhe, Februar 1966 WINFRIED SCHMIDT

Inhaltsverzeichnis

Historische Einleitung

Die Quantentheorie nahm ihren Anfang mit PLANCKS [1]* Untersuchungen des thermodynamischen Gleichgewichtes zwischen Materie und Strahlung zu Beginn des 20. Jahrhunderts. Es galt, die beobachtete Energieverteilung im Spektrum der Strahlung des schwarzen Körpers zu erklären. PLANCK sah sich dem Problem gegenüber, zwischen der Rayleighschen Theorie, die bei tiefen Frequenzen mit der Beobachtung übereinstimmte, und der Wienschen Theorie, die bei hohen Frequenzen zutraf, zu extrapolieren. Durch Überlegungen, die bestenfalls als plausibel zu bezeichnen sind, gelangte er zu einer Beziehung zwischen Energiedichte und Frequenz, die über das ganze Spektrum hin ausgezeichnet mit dem Experiment übereinstimmte. Die theoretische Interpretation dieser Formel verlangte, daß Strahlung der Frequenz ω nur in ganzzahligen Vielfachen eines elementaren „Quantums" $\hbar\omega$ absorbiert oder emittiert werden kann, wobei $\hbar = 1{,}054 \times 10^{27}$erg · sec die Plancksche Konstante ist.

PLANCK neigte zu der Ansicht, daß die von ihm entdeckte *atomare* Struktur der Strahlung den Eigenschaften der emittierenden Materie zuzuschreiben sei. EINSTEIN [2] erst war es vorbehalten, die Relation $E = \hbar\omega$ zwischen Energie und Frequenz eines Quants als eine innere, von der Strahlungsquelle unabhängige Eigenschaft der Strahlung zu erkennen. Seine Schlußfolgerungen sollten, wie EINSTEIN bemerkte, experimentell durch den photoelektrischen Effekt bestätigt werden. Die Überlegungen beruhten auf der Anschauung, daß ein wohlbestimmter Energiebetrag E' erforderlich sei, um ein Elektron aus einem Metall herauszubringen. Wenn daher Strahlung einer bestimmten Frequenz ω auf ein Metall auftrifft, und wenn diese Strahlung aus Energiequanten $E = \hbar\omega$ besteht, so könnten dann und nur dann Elektronen ausgelöst werden, wenn $E > E'$. Dies wird in der Tat beim photoelektrischen Effekt beobachtet.

Der Beweis der atomaren Struktur der Strahlung durch PLANCK und EINSTEIN war nur der erste Schritt in der Entwicklung der Quantentheorie. Bevor ein weiterer Fortschritt erzielt werden konnte, bedurfte es eines besseren Verständnisses der Struktur und Mechanik des Atoms. RUTHERFORDS Experimente zeigten, daß ein Atom aus

* Zahlen in [ ] beziehen sich auf das Literaturverzeichnis am Ende dieses Buches.

einem positiv geladenen Kern besteht, der von soviel Elektronen umgeben ist, daß das gesamte Atom elektrisch neutral ist. Die Versuche offenbarten überdies, daß die Kräfte zwischen Elektronen und Kern, selbst bei kleinen Abständen, vorwiegend elektrostatischer Natur sind. Diese Vorstellung vom Atom, nämlich daß es aus geladenen Teilchen besteht und durch elektrostatische Kräfte zusammengehalten wird, war nur schwer mit der klassischen Elektrodynamik zu vereinbaren, die noch vor dem Beginn unseres Jahrhunderts von MAXWELL und LORENTZ vollendet worden war. Nach dieser Theorie sollte ein System geladener Teilchen grundsätzlich instabil sein. Infolge ihrer gegenseitigen Anziehung sollten die negativen Ladungen gegen die positiven hin beschleunigt werden und dabei ständig Energie in Form elektromagnetischer Strahlung verlieren. Die Elektronen in RUTHERFORDs Atom sollten also auf Spiralbahnen in den Kern fallen und dabei ständig Energie in Form von Strahlung abgeben.

Die Lösung des Rätsels der unerwünschten Stabilität der Atome kam von seiten der Untersuchung ihrer Spektren durch die Spektroskopie. Man hatte gefunden, daß die von den Atomen ausgesandte Strahlung nicht kontinuierlich über das gesamte Spektrum verteilt ist, wie man es nach der klassischen Elektrodynamik erwarten würde, sondern daß sie auf einige charakteristische Frequenzen beschränkt ist. Beim Wasserstoffatom wurden diese Frequenzen empirisch durch BALMERs Formel wiedergegeben:

$$\omega^{(m,n)} = R \cdot \left(\frac{1}{m^2} - \frac{1}{n^2}\right),$$

wobei m und n ganze Zahlen sind; sie genügen dem Ritzschen Kombinationsprinzip:

$$\omega^{(m,n)} = \omega^{(m)} - \omega^{(n)}; \qquad \omega^{(m)} = R/m^2.$$

$$R = 2\pi \times 3{,}2899 \times 10^{15}/\text{sec} \quad \text{(Rydberg-Frequenz)}.$$

In diesem Resultat sah BOHR eine Bestätigung der Energieerhaltung bei der Emission von Strahlung durch ein Atom. Er bemerkte, daß man die Gleichung

$$\hbar\,\omega^{(m,n)} = E^{(m)} - E^{(n)}, \qquad (E^{(m)} = \hbar\,\omega^{(m)})$$

erhält, wenn man die Ritzsche Frequenzbeziehung mit der Planckschen Konstanten $\hbar$ multipliziert. Darin ist $\hbar\,\omega^{(m,n)}$ die Energie des vom Atom emittierten Strahlungsquants, während $E^{(m)}$ und $E^{(n)}$ als die Energien im (angeregten) Anfangs- bzw. Endzustand des Atoms angesehen werden können. In dieser Betrachtungsweise besagten die spektroskopischen Ergebnisse, daß die Energie eines inneren Zustandes des Atoms nicht beliebig ist, sondern nur feste Werte

$E^{(m)}$, $m = 1, 2, 3, \ldots$ annehmen kann. Dieser Schluß stand voll im Einklang mit der beobachteten Stabilität der atomaren Struktur; das Versagen der klassischen Elektrodynamik erklärte er allerdings nicht.

Den nächsten für die Entwicklung der Quantenmechanik richtungweisenden Gedanken steuerte 1923 DE BROGLIE bei. Er gab der Relation $E^{(m)} = \hbar\,\omega^{(m)}$ zwischen der Energie $E^{(m)}$ und der im Ritzschen Kombinationsprinzip vorkommenden Größe $\omega^{(m)}$ eine neue Interpretation. Ebenso wie dem Photon, dem Quant der Strahlung, eine Frequenz $\omega = E/\hbar$ und andere Attribute einer Welle zugeordnet sind, so sollten nach DE BROGLIE auch dem Elektron in einem Atom eine Frequenz $\omega^{(m)} = E^{(n)}/\hbar$ und andere Attribute einer Welle zugeordnet sein. Berücksichtigung der Tatsache, daß eine den Kern umgebende stehende Welle nur eine ganze Zahl von Wellenlängen haben kann, lieferte somit ein Verständnis für den Zusammenhang zwischen den Frequenzen $\omega^{(m)}$ und den positiven ganzen Zahlen m. Dieser ursprünglich sehr vage Gedanke wurde 1926 von ERWIN SCHRÖDINGER [*4*] mathematisch präzise formuliert. In einigen eleganten Arbeiten entwickelte er den gesamten Formalismus der Wellenmechanik, die heute als ein vollständiges und zutreffendes theoretisches System zur Erklärung und Vorhersage der Phänomene der Atomhülle anerkannt ist.

Jeder der vier Männer, die wir erwähnten: PLANCK, EINSTEIN, DE BROGLIE und SCHRÖDINGER, spielte in der Entwicklung der Quantenmechanik eine wichtige Rolle. Ihre Beiträge werden in fast allen Lehrbüchern über dieses Gebiet mit Recht betont. Es ist jedoch bemerkenswert und nicht ohne Ironie, daß keiner von ihnen je zu einem Verständnis der Quantenmechanik gelangte, das ihm erlaubt hätte, die anerkannte Theorie voll zu billigen. PLANCK brachte seine letzten Ansichten in seinem Buch: „The Universe in the Light of Modern Physics“ zum Ausdruck. Er schrieb [*5*]: „*Wenn die Quantentheorie der klassischen Theorie in jeder Hinsicht überlegen oder gleichwertig wäre, so könnte man nicht nur, sondern müßte sogar die letztere zu Gunsten der ersteren aufgeben. Dies ist jedoch keineswegs der Fall ... Es ist nicht so, daß die Quantentheorie nicht angewandt werden könnte, sondern wenn sie angewandt wird, stimmen die erzielten Resultate nicht mit der Erfahrung überein.*“ EINSTEIN [*6*] schrieb kurz vor seinem Tode im Jahre 1955: „*Denn wenn die statistische Quantentheorie nicht beansprucht, das individuelle System (und seine Entwicklung in der Zeit) vollständig zu beschreiben, so scheint es unvermeidlich, anderswo nach der vollständigen Beschreibung des individuellen Systems zu suchen ... die Elemente solch einer Beschreibung sind nicht enthalten im Konzeptionsschema der statistischen Quantentheorie. Damit würde man aber zugeben, daß dieses Schema prinzipiell nicht als Basis der theo-*

retischen Physik dienen kann.“ Früher hatte EINSTEIN gewisse seiner Einwände gegen die Quantentheorie klar dargelegt und Experimente angegeben, in denen, wie er glaubte, die Quantentheorie paradoxe Ergebnisse vorhersagt. In allen Fällen führten die tatsächlich ausgeführten Experimente jedoch lediglich zur Bestätigung der Theorie.

DE BROGLIE hatte sein Erstaunen über die Form bekannt, welche die von ihm mitbegründete Quantentheorie schließlich annahm. In den Jahren 1925 bis 1927 unternahm er es, eine konkurrierende Theorie aufzubauen. Er gab jedoch den Versuch auf, als der Erfolg der inzwischen bewährten Theorie evident wurde. In jüngster Zeit jedoch nahm er seine Versuche wieder auf, und er bleibt bei seiner Schlußfolgerung [7], daß „*uns eines Tages die Quantenmechanik als eine Theorie erscheinen wird, die uns nur ein statistisches Bild gewisser Aspekte einer zugrunde liegenden Realität geliefert hat, die sie nicht vollständig beschreiben konnte*“. SCHRÖDINGER [*8*] wählte eine schärfere Formulierung für seine endgültige Haltung: „*Die neue Wissenschaft (Q.M.) maßt sich das Recht an, unsere gesamten philosophischen Anschauungen zu erschüttern. Man behauptet, daß verfeinerte Messungen, die sich für einfache Diskussionen im Rahmen des quantenmechanischen Formalismus eignen, tatsächlich ausgeführt werden können. Sie können nicht ... Tatsächliche Messungen an Einzelsystemen sind nie in dieser grundlegenden Weise diskutiert worden; denn die Theorie ist dazu nicht geeignet.*“

Man könnte aus diesen ablehnenden Meinungsäußerungen von Männern, die von unübertroffener Bedeutung sind, leicht den Eindruck gewinnen, daß die Quantenmechanik Gegenstand intensiver Kontroversen ist oder war. Das wäre jedoch ganz falsch. Es gibt zwar in der zeitgenössischen Physik noch Anhänger der Ansichten EINSTEINs und DE BROGLIEs, unter denen JANOSSY [*9*] sowie BOHM und VIGIER [*10*] hervorragen. Man kann jedoch nicht sagen, daß diese einen wesentlichen Einfluß auf die Entwicklung der wissenschaftlichen Denkweise ausgeübt haben. Eine interessantere Frage ist, warum diejenigen, die so sehr zur Entwicklung der Quantenmechanik beigetragen haben, von den Konsequenzen ihrer eigenen Arbeit abgestoßen wurden. Wir werden auf diese Frage zurückkommen, wenn wir den Überblick über die historische Entwicklung unseres Themas abgeschlossen haben.

Im Jahre 1925, als DE BROGLIEs Wellenmodell des Elektrons bereits Anerkennung gefunden hatte, aber SCHRÖDINGERs Bemühungen in Zürich um die Begründung der Wellenmechanik noch nicht abgeschlossen waren, entwarf HEISENBERG, der damals zur Bornschen Schule in Göttingen gehörte, einen neuen und sehr originellen Weg zur Mechanik des Atoms. Dieser Weg war noch keine richtige Version der Quantenmechanik, aber er enthielt eine Anzahl sehr suggestiver

Ideen, die während einer kurzen Abwesenheit HEISENBERGs von Göttingen von BORN und JORDAN [12] aufgegriffen wurden. Gemeinsam formulierten sie die Matrizenmechanik eines Teilchens in einer Dimension. Nachdem HEISENBERG zurückgekehrt war und sich ihnen angeschlossen hatte, wurde die Verallgemeinerung auf drei Dimensionen erreicht und in einer berühmten Arbeit von HEISENBERG, BORN und JORDAN [13] veröffentlicht.

Es gab 1926 somit zwei offenbar sehr verschiedene Wege, die Probleme der Atomphysik zu lösen: SCHRÖDINGERs Wellenmechanik und die Matrizenmechanik von HEISENBERG, BORN und JORDAN. Man merkte jedoch bald, daß die beiden Methoden — wenn auch scheinbar ohne Zusammenhang — in einem Sinne äquivalent und in einem anderen Sinne komplementär waren. SCHRÖDINGER [14] zeigte als erster, warum die zwei Methoden in ihrem gemeinsamen Anwendungsbereich zu identischen Ergebnissen führen mußten. BORN [15] machte sich den wellenmechanischen Formalismus zu eigen, indem er ihn auf die noch ungelösten Probleme bei der Streuung zweier Teilchen anwandte. BOHR [16] spielte eine wichtige Rolle bei der Ausarbeitung der physikalischen und philosophischen Folgerungen der Theorie, die EINSTEIN und SCHRÖDINGER besonders stark bekämpften. Der nächste Schritt war die Synthese der beiden Methoden durch DIRAC [17]. Danach folgte eine rapide Expansion der Anwendungen. DIRAC fand eine relativistische Quantenmechanik für Teilchen mit dem Spin $1/2$. Die Quantenmechanik der Felder wurde für das reine Strahlungsfeld von DIRAC [17], für die allgemeine Elektrodynamik von HEISENBERG und PAULI [18] entwickelt. Die bedeutendsten Fortschritte seit 1945 waren die Entwicklung der relativistischen Quantenfeldtheorien und die Anwendung neuer Methoden auf die Kernphysik.

Wir sind nun in einer günstigeren Lage um darüber zu mutmaßen, warum PLANCK, EINSTEIN, DE BROGLIE und SCHRÖDINGER mit der 1925er Revolution in der Beschreibung atomarer Erscheinungen so unzufrieden waren. Ihnen war gemeinsam, daß sie an die bildliche Vorstellung von Ereignissen in Raum und Zeit gewöhnt waren. Insbesondere erinnerte sich EINSTEIN mit gutem Grund der Erfolge der allgemeinen Relativitätstheorie, in der die Zukunft und die Vergangenheit zusammen mit der Gegenwart als ein Raum-Zeit-Kontinuum dargestellt werden, und in der die Materie lediglich ein Aspekt der Geometrie des Kontinuums ist. Diese Vorstellung war mit der Unbestimmtheit, die für die neue Quantenmechanik wesentlich war, nicht in Einklang zu bringen. Auch SCHRÖDINGER hatte ein tiefes Verhältnis zur allgemeinen Relativitätstheorie und war, wie DE BROGLIE, überzeugt, daß die Wellen, die von seiner Wellengleichung beschrieben werden, eine objektive physikalische Bedeutung haben.

Die Quantenmechanik bestreitet dagegen, daß die Wellen der Wellenmechanik zu mehr als zu einer statistischen Interpretation dienen, und auch dies nur in bezug auf einen speziellen Typ von Experimenten. Das anzuerkennen mag schon für jemand, der in der Wellenmechanik eine großartige Entdeckung sah, recht schwierig sein, ganz abgesehen vom Entdecker selbst.

Dieser kurze historische Abriß soll ein gewisser Ersatz dafür sein, daß die historische Entwicklung der Quantenmechanik in der folgenden Darstellung etwas zu kurz kommt, und er soll außerdem die Aufmerksamkeit auf die Beweggründe zur Niederschrift (oder Lektüre) dieses Buches lenken. Die meisten Lehrbücher über die Quantentheorie betonen die wellenmechanische Methode. Wahrscheinlich deshalb, weil dieser Weg für jemand, der die Theorie der Differentialgleichungen bereits gut kennt, als leichter betrachtet wird. Aber falls der Leser sich nicht sehr klar darüber ist, daß die Wellenmechanik nur eine spezielle Form der Quantenmechanik ist, nämlich die in Koordinatendarstellung, wird er leicht dazu neigen, sich die gleichen Vorstellungen von der Wichtigkeit der Koordinatendarstellung und der physikalischen Bedeutung der Wellenfunktion anzueignen, die offensichtlich einige unserer größten Physiker irregeführt haben. Für das physikalische Verständnis ist es ein nicht unbeträchtlicher Gewinn, den Gegenstand in einer solchen Form zu lesen, wie er zuerst in dem Buch von Born und Jordan [*19*] präsentiert wurde. Die vorliegende Darstellung beabsichtigt, die Matrixmethode mit den Vereinfachungen, die das Vermeiden einer speziellen Darstellung mit sich bringt, zeitgemäß auseinanderzusetzen.

Die Methode der Matrizenmechanik wird wesentlich erweitert durch die Verwendung des *Faktorisierungsverfahrens*, das zuerst von Schrödinger [*20*] im Rahmen der Wellenmechanik entdeckt und von Infeld und Hull [*21*] weiterentwickelt wurde. Dieses Verfahren wird im folgenden für die Lösung der Eigenwertprobleme benutzt. Die Übungen am Ende eines jeden Kapitels sind zum Teil Wiederholungen oder Ergänzungen des Textes, sie enthalten auch einige Probleme aus den Arbeiten des Autors [*22*].

1. Die mathematischen Grundlagen der Quantenmechanik

Ziel und Aufgabe der Quantenmechanik ist es, Ergebnisse physikalischer Messungen an atomaren Systemen (Teilchen, Atomen oder Molekülen) vorherzusagen. Manche Experimente bestimmen ihrer Natur nach das Verhalten einer großen Zahl ähnlicher Systeme und geben daher das Verhalten von Einzelsystemen nur in statistischer Weise wieder. Andere Experimente, hauptsächlich solche, in denen Nebel- und Blasenkammern, photographische Emulsionen sowie Zähler verwendet werden, bestimmen unmittelbar das Verhalten von Einzelsystemen, so daß man eine große Zahl von Messungen an ähnlichen Systemen ausführen muß, um statistisch auswertbare Ergebnisse zu erhalten. Die Vorhersagen der Quantenmechanik betreffen einmal die möglichen Resultate einer Messung überhaupt und zum anderen die Wahrscheinlichkeit, mit der jedes dieser Resultate auftritt. In manchen Fällen bilden die möglichen Resultate eine diskrete Mannigfaltigkeit — so z. B. wenn es um den Drehimpuls eines Teilchensystems geht oder um die zu gebundenen Zuständen gehörenden Energieniveaus eines Atoms oder eines Atomkerns — in anderen Fällen wiederum füllen die möglichen Resultate ganze Wert-Intervalle aus, wie die Zerfallszeit eines radioaktiven Kerns oder der Ablenkungswinkel bei einem Teilchenstoß.

Die Quantenmechanik handelt also von Resultaten physikalischer Messungen. Da Messungen aber als Operationen an physikalischen Systemen betrachtet werden können, ist es nicht erstaunlich, daß die Mathematik zur Beschreibung dieser Operationen eine Theorie von *Operatoren* ist. Operatoren treten in der Mathematik in verschiedenen Formen auf; die einfachsten sind diejenigen, die durch Matrizen dargestellt werden. Eine Matrixgleichung der Gestalt

$$A\psi = \phi, \quad \text{d.h.} \quad \sum_{l=1}^{n} A_{kl}\psi_l = \phi_k$$

($k = 1, 2, \ldots n$) besagt, daß der Vektor ψ mit den Komponenten ψ_1, $\psi_2, \ldots, \psi_n$ durch die Operation A in den Vektor ϕ mit den Komponenten $\phi_1, \phi_2, \ldots, \phi_n$ transformiert wird. Der Operator A, der diese Transformation bewirkt, wird durch die Matrix A_{kl} vollständig beschrieben. In der Matrizenmechanik treten häufig Vektoren und Matrizen mit unendlich vielen Komponenten bzw. Elementen auf. In den meisten Fällen einschließlich der im folgenden betrachteten handelt es sich um *abzählbar* unendliche viele, so daß die Komponenten eines Vektors den positiven ganzen Zahlen zugeordnet werden können. Aber es gibt auch Fälle, in denen die Komponenten nicht mehr abzählbar sind; dann ist die Gleichung $A\psi = \phi$ als Integralgleichung $\int A(k, l)\psi(l)dl = \psi(k)$ zu lesen. In der Wellenmechanik treten hauptsächlich Differentialoperatoren auf; $L\psi = \phi$ ist dann als lineare Differentialgleichung zu interpretieren. Wir werden versuchen, alle diese Möglichkeiten im Auge zu behalten.

1.1 Vektoren im Hilbertraum

Die Symbole $\phi, \psi, \chi, \ldots$ werden zur Darstellung von *Vektoren* benutzt, deren wesentliche Eigenschaften unter (a), (b), (c) zusammengestellt sind. In der Quantenmechanik befassen wir uns mit Vektoren im *Hilbertraum*, die zusätzlich noch die Eigenschaft (d) besitzen.

(a) Zwei beliebige Vektoren ϕ, ψ sind entweder identisch $[\phi = \psi]$ oder nicht identisch $[\phi \neq \psi]$. Ist $\phi = \psi$, dann ist auch $\psi = \phi$; ist $\phi = \psi$ und $\psi = \chi$, dann ist auch $\phi = \chi$.

(b) Zwei beliebige Vektoren ϕ, ψ bilden eine Summe $\phi + \psi$, die selbst wieder ein Vektor ist. Die Vektoraddition ist kommutativ $[\phi + \psi = \psi + \phi]$ und assoziativ $[\phi + (\psi + \chi) = (\phi + \psi) + \chi]$. Per definitonem gilt: $\phi + \psi + \chi = \phi + (\psi + \chi)$.

(c) Ist a eine beliebige reelle oder komplexe Zahl, so existiert für einen beliebigen Vektor ϕ ein Produkt $a\phi$, das selbst wieder ein Vektor ist. Die Multiplikation mit einer Zahl ist distributiv. Dabei stellt 0 den *Nullvektor* dar. Per definitionem ist $\phi - \psi = \phi + (-1)\psi$.

(d) Jedem beliebigen Paar von Vektoren ϕ, ψ ist ein *Skalarprodukt* zugeordnet, das mit (ϕ, ψ) oder $\phi^*\psi$ bezeichnet wird, und das eine reelle oder komplexe Zahl ist. Es hat die folgenden Eigenschaften:

1. $(\phi, \phi) \geqq 0$ und $(\phi, \phi) = 0$ dann und nur dann, wenn $\phi = 0$;
2. $(\phi, \psi + \chi) = (\phi, \psi) + (\phi, \chi)$ und $(\phi, a\psi) = a(\phi, \psi)$;
3. $(\phi, \psi) = (\psi, \phi)^*$.

Dabei bedeutet $(\psi, \phi)^*$ das *konjugiert Komplexe* von (ψ, ϕ). Man beachte, daß $(a\phi, \psi) = (\psi, a\phi)^* = [a(\psi, \phi)]^* = a^*(\phi, \psi)$ ist.

Wir erwähnen zwei Beispiele für Vektoren im Hilbertraum.

(1) Eine endliche oder unendliche Folge von reellen oder komplexen Zahlen $\phi_1, \phi_2, \phi_3, \ldots$ ist ein Vektor unter der Voraussetzung, daß

(a) die Identität zweier Folgen $\phi_1, \phi_2, \phi_3, \ldots$ und $\psi_1, \psi_2, \psi_3, \ldots$ bedeutet $\phi_k = \psi_k$ für $k = 1, 2, 3, \ldots$;

(b) die Summe zweier Folgen $\phi_1, \phi_2, \phi_3, \ldots$ und $\psi_1, \psi_2, \psi_3, \ldots$ definiert ist durch die Folge $\phi_1 + \psi_1, \phi_2 + \psi_2, \phi_3 + \psi_3, \ldots$;

(c) das Produkt einer Zahl a und der Folge $\phi_1, \phi_2, \phi_3, \ldots$ definiert ist durch die Folge $a\phi_1, a\phi_2, a\phi_3, \ldots$, so daß die Folge $0, 0, 0, \ldots$ der Nullvektor ist;

(d) das Skalarprodukt zweier Folgen $\phi_1, \phi_2, \phi_3, \ldots$ und $\psi_1, \psi_2, \psi_3, \ldots$ definiert ist durch

$$(\phi, \psi) = \phi_1^* \psi_1 + \phi_2^* \psi_2 + \phi_3^* \psi_3 + \cdots,$$

oder $\phi^* \psi = \sum_k \phi_k^* \psi_k$. Vektoren dieser Art werden in der Matrizenmechanik benutzt; sie werden auch Vektoren im Folgenraum genannt. Die Zahlen $\phi_1, \phi_2, \phi_3, \ldots$ heißen die Komponenten des Vektors ϕ.

(2) Eine Funktion $\phi(x)$ einer reellen Variablen x, die im Bereich $b < x < c$ definiert und stetig ist, ist ein Vektor unter der Voraussetzung, daß

(a) die Identität von $\phi(x)$ und $\psi(x)$ zur Folge hat, daß $\phi(x) = \psi(x)$ ist für $b < x < c$;

(b) die Summe von $\phi(x)$ und $\psi(x)$ im Sinne der Vektortheorie definiert ist durch

$$\phi(x) + \psi(x);$$

(c) das Produkt von a und $\phi(x)$ im Sinne der Vektortheorie definiert ist durch

$$a\phi(x);$$

(d) das Skalarprodukt von $\phi(x)$ und $\psi(x)$ definiert ist durch

$$(\phi, \psi) = \int_b^c \phi^*(x)\, \psi(x)\, dx\,.$$

Vektoren dieser Art sind in der Wellenmechanik gebräuchlich, sie werden auch Vektoren im *Funktionenraum* genannt.

Eine endliche oder abzählbar unendliche Folge von Vektoren $\psi^{(1)}, \psi^{(2)}, \ldots$ wird *vollständig* genannt, wenn ein beliebiger Vektor des gleichen Raumes in der Form $\psi = \sum_j c_j \psi^{(j)}$ darstellbar ist, wobei die c_j Zahlen sind. Die Vektoren der Menge $\psi^{(1)}, \psi^{(2)}, \ldots$ heißen *linear unabhängig*, wenn jede Relation der Form $\sum_j c_j \psi_j = 0$ zur Folge hat, daß alle c_j Null sind. Der Nullvektor kann offensichtlich nicht zu einer Menge linear unabhängiger Vektoren gehören.

Die Zahl $\|\phi\| = (\phi, \phi)^{1/2}$, d. h. die Quadratwurzel aus dem Skalarprodukt eines Vektors mit sich selbst, heißt *Norm* oder *Länge* eines Vektors. Ist $\|\phi\| = 1$, so heißt ϕ normiert. Jeder Vektor mit Ausnahme des Nullvektors **0** kann *normiert* werden durch Division mit $\|\phi\|$. Ist $\phi^* \psi = 0$, d. h. ist $(\phi, \psi) = 0$, so sagt man die Vektoren ϕ und ψ seien *orthogonal*.

Angenommen $\psi^{(j)}\, (j = 1, 2, \ldots)$ ist ein System linear unabhängiger Vektoren und es gibt keinen weiteren linear unabhängigen Vektor, so ist das System vollständig. Dann läßt sich aus diesen Vektoren stets ein System normierter Vektoren $\delta^{(j)}$ konstruieren, die untereinander orthogonal sind, für die also $(\delta^{(k)}, \delta^{(j)}) = 0$ für $j \neq k$

gilt. Dazu geht man folgendermaßen vor: $\delta^{(1)}$ gewinnt man durch Normierung von $\psi^{(1)}$:

$$\delta^{(1)} = \psi^{(1)}/\|\psi^{(1)}\|\,.$$

$\delta^{(2)}$ erhält man dann, indem man von $\psi^{(2)}$ die *Komponente* $(\delta^{(1)}, \psi^{(2)})\,\delta^{(1)}$ in Richtung $\delta^{(1)}$ abzieht und das Ergebnis normiert

$$\delta^{(2)} = [\psi^{(2)} - (\delta^{(1)},\, \psi^{(2)})\,\delta^{(1)}]/\|\psi^{(2)} - (\delta^{(1)}, \psi^{(2)})\,\delta^{(1)}\|\,.$$

Da $(\delta^{(1)}, \delta^{(1)}) = 1$, ist $(\delta^{(1)}, \delta^{(2)}) \propto (\delta^{(1)}, \psi^{(2)}) - (\delta^{(1)}, \psi^{(2)}) = 0$. Es sei $\delta^{(j)}$ rekursiv definiert durch die Gleichung

$$\delta^{(j)} = [\psi^{(j)} - \sum_{k=1}^{j-1}(\delta^{(k)}, \psi^{(j)})\,\delta^{(k)}]/\|\psi^{(j)} - \sum_{k=1}^{j-1}(\delta^{(k)}, \psi^{(j)})\,\delta^{(k)}\|\,.$$

Nehmen wir an, daß $(\delta^{(l)}, \delta^{(k)}) = 0$ für $k \neq l$ und $k, l < j$, so ist auch $(\delta^{(l)}, \delta^{(j)}) \propto (\delta^{(l)}, \psi^{(j)}) - (\delta^{(l)}, \psi^{(j)}) = 0$; also gilt $(\delta^{(l)}, \delta^{(k)}) = 0$ auch für $k = j$. Durch Induktion folgt also, daß $(\delta^{(k)}, \delta^{(j)}) = 0$ ist für $j \neq k$. Beachte, daß $\psi^{(j)} - \sum_{k=1}^{j-1}(\delta^{(k)}, \psi^{(j)})\,\delta^{(k)}$ nicht Null werden kann, da sonst eine lineare Beziehung zwischen den $\psi^{(1)}, \psi^{(2)}, \ldots$ und $\psi^{(j)}$ bestände. Die Vektoren $\delta^{(j)}$ bilden ein Orthonormalsystem.

Die in der eben beschriebenen Weise definierten Vektoren $\delta^{(1)}$, $\delta^{(2)}, \ldots$ bilden ein vollständiges System, weil die Vektoren $\psi^{(1)}$, $\psi^{(2)}, \ldots$ bereits vollständig waren. Daher kann ein beliebiger Vektor ψ in der Form

$$\psi = \sum_j \psi_j\,\delta^{(j)}$$

geschrieben werden. Das wiederum heißt, daß ψ im Folgenraum dargestellt werden kann als Vektor mit den Komponenten $\psi_1, \psi_2, \ldots$, die durch die obige Beziehung definiert sind. Man verifiziert nämlich leicht, daß

(a) $\phi = \psi$ zur Folge hat, daß $\phi_j = \psi_j$, für $j = 1, 2, \ldots$ und daß auch das Umgekehrte gilt; daß weiterhin

(b) $(\phi + \psi)_k = \phi_k + \psi_k$,

(c) $(a\phi)_k = a\phi_k$ und daß

(d) $(\phi, \psi) = \sum_k \phi^*{}_k\,\psi_k$ ist.

Die Schreibweise, die wir für die Darstellung von Vektoren verwenden, ist allgemein üblich; sie wird auch im folgenden verwendet werden. Der Leser sollte aber auch mit einer anderen Schreibweise vertraut sein, die auf Dirac zurückgeht; sie ist im Anhang erklärt.

1.2 Lineare Operatoren

Ein *linearer Operator* A ist eine Abbildung oder Vorschrift, die einem beliebigen Vektor ψ einen Vektor $A\psi$ derart zuordnet, daß

1. wenn $\phi = \psi$ ist, dann auch $A\phi = A\psi$;
2. $A(c\psi) = c(A\psi)$;
3. $A(\phi + \psi) = A\phi + A\psi$.

Sind A und B lineare Operatoren und ψ ein beliebiger Vektor, dann bezeichnet

(a) cA den Operator, der definiert ist durch $(cA)\psi = c(A\psi)$;
(b) $A + B$ den Operator, der definiert ist durch $(A + B)\psi = A\psi + B\psi$;
(c) AB den Operator, der definiert ist durch $(AB)\psi = A(B\psi)$;
(d) $\mathbf{1}$ den Operator, der definiert ist durch $\mathbf{1}\psi = \psi$.

1.3 Darstellung von linearen Operatoren durch Matrizen

Die Anzahl der unabhängigen Vektoren eines Raumes sei nicht größer als abzählbar-unendlich, und $\delta^{(1)}, \delta^{(2)}, \ldots$ sei ein Orthonormalsystem, wie es in 1.1 konstruiert wurde. Dann kann jeder Vektor ψ in der Form $\sum_k \psi_k \delta^{(k)}$ dargestellt werden, insbesondere kann $\delta^{(j)}$ selbst geschrieben werden $\sum_k \delta_k{}^{(j)} \delta^{(k)}$, wobei

$$\delta_k^{(j)} = \delta_{jk} = \begin{cases} 1, & j = k \\ 0 & j \neq k \end{cases}.$$

Ist A ein beliebiger linearer Operator und sind A_{kl} die Komponenten des Vektors $A\,\delta^{(l)}$, so lauten die Komponenten des Vektors $A\psi$

$$(A\psi)_k = \sum_l (\psi_l A\,\delta^l)_k = \sum_l A_{kl}\psi_l\,.$$

Sämtliche Komponenten $[A_{kl}]$ bilden zusammen eine *Matrix*, die den linearen Operator A darstellt. Der lineare Operator $\mathbf{1}$ wird durch die Diagonalmatrix $[\delta_{kl}]$ wiedergegeben.

Ist das Orthonormalsystem $\delta^{(j)}$ $(j = 1, 2, \ldots)$ unendlich, so ist die Matrix $[A_{kl}]$ eine unendliche Matrix, die in folgender Form geschrieben werden kann

$$A = \begin{bmatrix} A_{11} & A_{12} & A_{13} & \cdots \\ A_{21} & A_{22} & A_{23} & \cdots \\ A_{31} & A_{32} & A_{33} & \cdots \\ \cdots & \cdots & \cdots & \cdots \\ \cdots & \cdots & \cdots & \cdots \end{bmatrix}.$$

Da jedoch die Zahl der Reihen und Spalten unendlich ist, ist es natürlich nicht möglich alle Elemente aufzuschreiben. Gehören dagegen die Vektoren einem n-dimensionalen Raum an, so gibt es nur eine endliche Zahl n von $\delta^{(j)}$ und die Matrix hat n^2 Elemente, die in n Reihen und Spalten angeordnet werden können.

1.4 Anwendung auf komplexe Zahlen

Eine komplexe Zahl wird gewöhnlich als geordnetes Paar zweier reeller Zahlen definiert, d. h. in unserer Terminologie als Vektor $\{\psi_k\}$ mit zwei reellen Komponenten ψ_R und ψ_I. Diesen Vektor schreibt man gewöhnlich $\psi_R + \mathbf{i}\,\psi_I$.

Ein linearer Operator $\mathbf{i}$ kann durch die Beziehung

$$(\mathbf{i}\,\psi)_R = -\,\psi_I\,, \quad (\mathbf{i}\,\psi)_I = \psi_R$$

definiert und durch die Matrix

$$\mathbf{i} = \begin{bmatrix} 0 & -1 \\ 1 & 0 \end{bmatrix}$$

dargestellt werden. Sind a, b, a', b' relle Zahlen, so gilt

$$(a\,\mathbf{1} + b\,\mathbf{i})\,(\psi_R + \mathbf{i}\,\psi_I) = (a\,\psi_R - b\,\psi_I) + \mathbf{i}\,(a\,\psi_I + b\,\psi_R)\,,$$
$$(a\,\mathbf{1} + b\,\mathbf{i})\,(a'\,\mathbf{1} + b'\,\mathbf{i}) = (a\,a' - b\,b')\,\mathbf{1} + (a\,b' + b\,a')\,\mathbf{i}\,.$$

Andere lineare Operatoren sind:

C (das konjugiert Komplexe von), definiert durch

$$C\,\psi = \psi^* = \psi_R + \mathbf{i}\,(-\,\psi_I)\,;$$

es ist

$$(C\,\psi)_R = \psi_R \quad \text{und} \quad (C\,\psi)_I = -\,\psi_I\,.$$

R (Realteil von), definiert durch

$$R\,\psi = \psi_R\,;$$

es ist

$$(R\,\psi)_R = \psi_R \quad \text{und} \quad (R\,\psi)_I = 0\,.$$

I (Imaginärteil von), definiert durch

$$I\,\psi = \mathbf{i}\,\psi_I\,;$$

es ist

$$(I\,\psi)_R = 0 \quad \text{und} \quad (I\,\psi)_I = \psi_I\,.$$

Übung 1. Zeige, daß

1.) $R + I = \mathbf{1}$, $\quad R - I = C$,

2.) $\mathbf{i}\,C + C\,\mathbf{i} = 0$, $\quad C^2 = \mathbf{1}$, $\quad (C\,\mathbf{i})^2 = \mathbf{1}$,

3.) $R^2 = R$, $\quad I^2 = I$, $\quad R\,I = I\,R = 0$,

und gib die Matrixdarstellungen von C, R, I und $C\,\mathbf{i}$ an.

1.5 Eigenvektoren und Eigenwerte

Ist $A\psi = a\psi$ und a eine Zahl, so heißt a *Eigenwert* und ψ *Eigenvektor* (der stets von Null verschieden sein muß) von A.

Haben A und B einen Eigenvektor ψ gemeinsam, so ist $(AB - BA)\psi = 0$; denn sind a und b die Eigenwerte, so ist $(AB)\psi = A(B\psi) = A(b\psi) = ab\psi$, und ebenso ist $(BA)\psi = ba\psi$. Ist *jeder* Eigenvektor von A auch Eigenvektor von B, so ist $AB = BA$, d. h. A und B kommutieren.

Die folgenden Aussagen über Eigenwerte und Eigenvektoren gelten *nur* für den Fall, daß die Dimension n des Vektorraumes S *endlich* ist. Methoden zur Gewinnung von Eigenwerten und Eigenvektoren, wenn die Dimension von S unendlich aber abzählbar ist, werden später angegeben. Bei endlichem n bezeichnen wir mit $D(a)$ die Determinante

$$D(a) \equiv |a\,\delta_{kl} - A_{kl}|\,.$$

Elimination der Komponenten ψ_k aus dem gekoppelten Gleichungssystem

$$\sum_{l=1}^{n} A_{kl}\,\psi_l = a\,\psi_k \tag{1}$$

liefert die Gleichung $D(a) = 0$. Da $D(a)$ ein Polynom n-ten Grades in a ist, kann es auch in der Form

$$D(a) = \prod_{j=1}^{n} (a - a^{(j)})$$

geschrieben werden. Die Zahlen $a^{(j)}$ sind dann die Eigenwerte von A. Sind diese bestimmt, so können, indem man die ersten $(n-1)$ Gleichungen (1) löst, $\psi_2^{(j)}, \psi_3^{(j)}, \ldots, \psi_n^{(j)}$ als Funktionen des frei wählbaren $\psi_1^{(j)}$ ausgedrückt werden. Ein anderer Weg zur Bestimmung der Eigenvektoren mit Hilfe der berechneten Funktion $D(a)$ wird später gezeigt.

Wir zeigen zunächst, daß die Eigenvektoren eines Operators L ein vollständiges System linear unabhängiger Vektoren bilden, wenn alle Eigenwerte $\lambda^{(j)}$ voneinander verschieden sind. Sind $\psi^{(j)}$ $(j=1, 2, \ldots, n)$ die Eigenvektoren, so ist zu zeigen, daß eine Relation der Form $\sum_{j=1}^{n} c_j\,\psi^{(j)} = 0$ zur Folge hat: $c_j = 0$ für alle j. Wendet man den Operator L auf die fragliche Relation an, so ergibt sich

$$\sum_{j=1} c_j\,(a^{(j)})^m\,\psi^{(j)} = 0 \quad \text{für} \quad m = 0, 1, 2, \ldots, (n-1)\,.$$

Da aber die Vandermondesche Determinante $\left|(a^{(j)})^{k-1}\right|$ ungleich
$n \quad j-1$

Null ist [sie ist gleich $\prod_{j=2} \prod_{k=1} (a^{(j)} - a^{(k)})$], wenn alle Eigenwerte verschieden sind, folgt $c_j \psi^{(j)} = 0$ für jeden Wert von j, woraus wegen $\psi^{(j)} \neq 0$ $c_j = 0$ für alle j folgt. Stimmen zwei Eigenwerte von L überein, so kann diese Beweismethode nicht angewandt werden. In diesem Fall bilden die Eigenvektoren nur dann ein vollständiges System, wenn der Operator L besonderen Bedingungen genügt (z. B. wenn er hermitesch ist).

Wir zeigen weiter, daß der Operator A derselben Gleichung $D(A) = 0$ genügt wie seine Eigenwerte. Sind die Eigenwerte $a^{(j)}$ von A alle verschieden, so bilden die Eigenvektoren, wie wir eben gezeigt haben, ein vollständiges System; ein beliebiger Vektor kann somit in der Form

$$\psi = \sum_{j=1}^{n} c_j \psi^{(j)}$$

dargestellt werden. Wendet man den Operator $D(A)$ auf diese Gleichung an, so erhält man

$$D(A)\,\psi = \sum_{j=1}^{n} c_j D(a^{(j)})\,\psi^{(j)} = 0\,.$$

Da ψ beliebig ist, ist also $D(A) = 0$. Auch im Fall, daß Eigenwerte von A zusammenfallen, bleibt dieses Resultat richtig und kann wie folgt bewiesen werden. Ist δA ein Operator mit beliebig kleinen Matrixelementen δA_{kl}, so werden die Eigenwerte $a^{(j)} + \delta a^{(j)}$ von $A + \delta A$ verschieden sein und eine Determinantengleichung der Form $D(a + \delta a) + \delta D(a + \delta a) = 0$ erfüllen. Nach dem bereits Bewiesenen ist dann $D(A + \delta A) + \delta D(A + \delta A) = 0$, was für $\delta A = 0$ die Gleichung $D(A) = 0$ liefert.

Übung 2. Verifiziere für $n = 2$ direkt, daß die Matrix A_{kl} die Gleichung $D(A) = 0$ befriedigt.

Wir können nun zeigen, daß, wenn ψ ein beliebiger Vektor und $\psi^{(1)} = \left\{\prod_{j=2}^{n} (A - a^{(j)})\right\} \psi$ nicht identisch Null ist, $\psi^{(1)}$ Eigenvektor von A zum Eigenwert $a^{(1)}$ ist. Es ist nämlich

$$(A - a^{(1)})\,\psi^{(1)} = D(A)\,\psi = 0.$$

Man kann immer einen solchen Vektor ψ finden, daß $\psi^{(1)}$ nicht verschwindet. Nötigenfalls probiert man jeden Vektor des vollständigen Systems $\delta^{(j)}$ aus, dessen Komponenten δ_{jk} in 1.3 definiert sind. Man kann also die Eigenvektoren von A mit Hilfe der Formel

$$\psi^{(j)} = \left\{\prod_{k\,(\neq j)} (A - a^{(k)})\right\} \psi$$

konstruieren.

Bilden schließlich die Eigenvektoren von A ein vollständiges System, so kann man die Koeffizienten in der Entwicklung

$$\psi = \sum_j c_j \psi^{(j)}$$

dadurch bestimmen, daß man mit dem Operator $\prod_{k(\neq j)} (A - a^{(k)})$ multipliziert. Dies liefert nämlich

$$1 = c_j \prod_{k(\neq j)} (a^{(j)} - a^{(k)}).$$

Bezeichnet man mit $P^{(j)}$ den Operator

$$P^{(j)} = c_j \prod_{k \neq j} (A - a^{(k)}),$$

so kann man die Entwicklung von ψ auch in der Form schreiben

$$\psi = \sum_j P^{(j)} \psi.$$

Übung 3. (a) Verifiziere direkt, daß $\sum_j P^{(j)} = 1$ ist. Dabei benutze die Identität

$$\frac{1}{D(a)} \equiv \sum_{j=1}^{n} \frac{c_j}{(a - a^{(j)})}.$$

(b) Zeige, daß $(P^{(j)})^2 = P^{(j)}$ und $P^{(j)} P^{(k)} = 0$ für $j \neq k$.

1.6 Spezielle Arten von Operatoren

(*a*) *Projektionsoperatoren.* Ein Operator P, mit der Eigenschaft $P^2 = P$ wird *Projektionsoperator* (manchmal auch *idempotenter* Operator) genannt. Seine sämtlichen Eigenwerte sind offensichtlich Null oder Eins.

Beispiele: die Operatoren R und I, die in 1.4 eingeführt wurden, sowie der Operator $P^{(j)}$ aus 1.5.

(*b*) *Hermitesche Operatoren.* Gilt $(A\phi)^* \psi = \phi^* (A^* \psi)$ für beliebige Vektoren ϕ und ψ, so heißt der lineare Operator A^* der zu *A hermitesch konjugierte Operator*. Ist die Menge S der Indizes k, l abzählbar, so ist zur Erfüllung der genannten Bedingung notwendig und hinreichend, daß

$(A\,\delta^{(k)})^* \delta^{(l)} = \delta^{(k)} (A^* \delta^{(l)})$, d. h. $(A_{lk})^* = (A^*)_{kl}$.

Ist $A^* = A$, d. h. ist $(A_{lk})^* = A_{kl}$, so heißt der Operator *A hermitesch*.

Die Eigenwerte eines hermiteschen Operators sind alle reell. Ist A nämlich hermitesch und $A\psi = a\psi$ für $\psi \neq 0$, so folgt aus der

Gleichung $(A\psi)^*\psi = \psi^*(A\psi)$, daß $a^*\psi^*\psi = a\psi^*\psi$. Da aber $\psi^*\psi$ notwendigerweise positiv ist, muß $a^* = a$ sein.

Eigenvektoren, die zu verschiedenen Eigenwerten eines hermiteschen Operators gehören, sind orthogonal. Aus $(A\psi^{(j)})^*\psi^{(k)} = (\psi^{(j)})^* A\psi^{(k)}$ folgt nämlich, daß $a^{(j)}(\psi^{(j)})^*\psi^{(k)} = a^{(k)}(\psi^{(j)*}\psi^{(k)})$ ist. Ist $a^{(j)} \neq a^{(k)}$, so muß $\psi^{(j)*}\psi^{(k)} = 0$ sein. Aber sogar wenn $a^{(j)} = a^{(k)}$, lassen sich die Eigenvektoren, die zum gleichen Eigenwert gehören, orthogonal wählen. Dazu führt man z. B. einen Operator δA mit beliebig kleinen Matrixelementen δA_{kl} ein. Die Eigenwerte $a^{(j)} + \delta a^{(j)}$ von $A + \delta A$ seien verschieden und ihre Eigenvektoren somit, wie eben gezeigt wurde, orthogonal. Für $j \neq k$ ist dann $(\psi^{(j)} + \delta^{(j)})^* (\psi^{(k)} + \delta^{(k)}) = 0$, was sich bei $\delta A \to 0$ auf $\psi^{(j)*}\psi^{(k)} = 0$ reduziert.

Orthogonale Vektoren sind notwendigerweise linear unabhängig. Daher ist das System der Eigenvektoren einer hermiteschen Matrix vollständig.

(c) *Unitäre Operatoren.* Ein Operator U heißt *unitär*, wenn $U^*U = \mathbf{1}$.

Die Eigenwerte eines unitären Operators haben alle den Betrag 1. Mit $U\psi = \lambda\psi$ folgt nämlich aus $(U\psi)^*(U\psi) = \psi^*(U^*U\psi) = \psi^*\psi$ die Gleichung $\lambda^*\lambda\,\psi^*\psi = \psi^*\psi$.

Übung 4. Bestimme die Eigenwerte und normierten Eigenvektoren eines Operators, der durch die Matrix A_{kl} dargestellt wird, wobei k und l nur die Werte 1 und 2 durchlaufen sollen. Bestimme die in 1.5 definierten Projektionsoperatoren $P^{(1)}$ und $P^{(2)}$ und zeige, daß

$$A = a^{(1)}P^{(1)} + a^{(2)}P^{(2)},$$
$$A^2 = (a^{(1)})^2 P^{(1)} + (a^{(2)})^2 P^{(2)}.$$

Übung 5. A sei ein hermitescher Operator und $\psi = \sum_j c_j\psi^{(j)}$, $\phi = \sum_j d_j\psi^{(j)}$ seien die Entwicklungen zweier Vektoren nach den orthonormierten Eigenvektoren $\psi^{(j)}$ von A. Zeige, daß $\phi^*\psi = \sum_j d_j^* c_j$ und daß aus $(\psi^*\psi)(\phi^*\phi)\cos^2\theta = (\psi^*\phi)(\phi^*\psi)$ folgt: $-1 \leqq \cos\theta \leqq 1$.

1.7 Funktionen von Operatoren

Das Quadrat und höhere Potenzen eines Operators A sowie Polynome in A sind bereits durch die Relationen (a)—(d) in 1.2 definiert. Man kann aber auch eine allgemeinere Funktion $f(A)$ eines Operators A definieren vorausgesetzt, daß

(1) $f(a)$ für einen beliebigen Eigenwert von A existiert und
(2) das System von Eigenvektoren von A vollständig ist.

ψ sei ein beliebiger Vektor und $\psi = \sum_j c_j \psi^{(j)}$ seine Entwicklung nach den Eigenvektoren von A, die abzählbar sein sollen. Dann kann $f(A)$ durch

$$f(A)\,\psi = \sum_j c_j f(a^j)\,\psi^{(j)}$$

definiert werden. Bezeichnet $P^{(j)}$ den Projektionsoperator zum Eigenvektor $\psi^{(j)}$, d. h. ist

$$P^{(j)}\,\psi = c_j\,\psi^{(j)},$$

so gilt

$$f(A) = \sum_j f(a^j)\,P^{(j)}.$$

Wichtige Funktionen, die auf diese Weise definiert werden können, sind: A^{-1}, das Reziproke von A, das existiert, wenn Null kein Eigenwert von A ist (und die Eigenfunktionen von A ein vollständiges System bilden), und die Funktion $\exp(\alpha A)$.

Übung 6. Zeige, daß für einen hermiteschen Operator A der Operator $\exp(iA)$ existiert und unitär ist. Zeige weiterhin, daß $\exp(A + B) = \exp A \exp B$ ist, wenn A und B kommutieren.

1.8 Kanonische Transformationen

Eine kanonische Transformation ist eine solche, bei der jeder Vektor ψ in einen Vektor $\psi' = U\psi$ und jeder lineare Operator A in einen linearen Operator $A' = U A U$ übergeführt wird, wobei U ein unitärer Operator ist. Da $U^* = U^{-1}$ ist, bleibt bei der Transformation U jede Gleichung dieses Abschnittes unverändert. Aus $A\psi = \phi$ folgt z. B. $U A U^* U \psi = U\phi$, d. h. $A'\psi' = \phi'$ und aus $B = A_1 A_2$ die Gleichung $U B U^* = U A_1 U^* U A_2 U$, d. h. $B' = A'_1 A'_2$. Ferner geht $\phi^* \psi = c$ über in $(U\phi)^* U\psi = c$, d. h. in $\phi'^*\,\psi' = c$. Eine kanonische Transformation kann man als Rotation der Koordinatenachsen im Hilbert-Raum ansehen.

Ist $\psi^{(j)}$ irgendein vollständiges System normierter, zueinander orthogonaler Vektoren, so gibt es stets eine kanonische Transformation derart, daß $\psi^{(j)\prime} = \delta^{(j)}$, d. h. $\psi_k{}^{(j)\prime} = \delta_{jk}$. Die Orthonormalität besagt ja gerade, daß $\psi^{(k)*}\psi^{(j)} = \sum_l \psi_l{}^{(k)*}\,\psi_l{}^{(j)} = \delta_{jk}$. Setzen wir $U_{kl} = \psi_l{}^{(k)*}$, so können wir die Relation auch in der Form $U\psi^{(j)} = \delta^{(j)}$ schreiben. Ist U^* der hermitesch konjugierte Operator von U, so ist $U^*_{lk} = (U_{kl})^* = \psi_l{}^{(k)}$ und die Relation lautet $\psi^{(k)*}\psi^{(j)} = \delta_{jk}$ oder $U U^* = 1$. U ist also ein unitärer Operator.

Sind $\psi^{(j)}$ die normierten Eigenvektoren eines Operators A, so geht die Gleichung $A\psi^{(j)} = a^{(j)}\psi^{(j)}$ über in $A'\delta^{(j)} = a^{(j)}\delta^{(j)}$, d. h. $A_{kj} = a^{(j)}\delta_{kj}$. Nach der kanonischen Transformation wird also A durch eine Diagonalmatrix dargestellt, deren Diagonalelemente die Eigenwerte von A (bzw. A') sind.

1.9 Synopsis der klassischen Mechanik

Die klassische Mechanik eines Teilchensystems ist im Lagrangeschen Formalismus zusammengefaßt. Die momentane Konfiguration des Gesamtsystems sei durch Angabe der nicht notwendigerweise cartesischen Koordinaten $q_1, q_2, q_3, \ldots$ beschrieben. In der klassischen Mechanik sind die Koordinaten q_r natürlich keine linearen Operatoren, sondern Zahlen. Die Lagrange-Funktion L eines Systems ist eine explizite Funktion der q_r, ihrer zeitlichen Ableitungen $\dot{q}_r$ und gegebenenfalls noch der Zeit:

$$L = L(q_1, q_2, \ldots; \dot{q}_1, \dot{q}_2, \ldots; t)$$

Den *Impuls* p_r, der zur Koordinate q_r kanonisch konjugiert ist, gewinnt man durch Differentiation von L nach der entsprechenden Geschwindigkeit $\dot{q}_r$:

$$p_r = \partial L / \partial \dot{q}_r .$$

Die *Kraft* F_r, die der zeitlichen Änderung des Impulses p_r gleich ist, erhält man durch Differentiation von L nach q_r:

$$\frac{dp_r}{dt} = F_r = \frac{\partial L}{\partial q_r}$$

Die *Bewegungsgleichungen* eines Teilchensystems gewinnt man dadurch, daß man in obige Gleichungen $r = 1, 2, 3, \ldots$ setzt. Die *Energie* des Systems ist

$$H = -L + \sum_r p_r \dot{q}_r .$$

Aus

$$\begin{aligned} \frac{dL}{dt} &= \frac{\partial L}{\partial t} + \sum_r \left(\frac{\partial L}{\partial q_r} \dot{q}_r + \frac{\partial L}{\partial \dot{q}_r} \frac{d\dot{q}_r}{dt} \right) \\ &= \frac{\partial L}{\partial t} + \sum_r \left(\frac{dp_r}{dt} \dot{q}_r + p_r \frac{d\dot{q}_r}{dt} \right) \\ &= \frac{\partial L}{\partial t} + \frac{d}{dt}(H + L), \end{aligned}$$

folgt, wenn $\partial L / \partial t = 0$ ist, $dH/dt = 0$; die Energie bleibt also erhalten, wenn die Lagrange-Funktion L nicht explizit von der Zeit abhängt.

In der Newtonschen Mechanik erscheint L als Differenz zwischen der kinetischen Energie T und der *potentiellen Energie* V des Systems, die gewöhnlich nur eine Funktion $V(q_1, q_2, \ldots)$ der Koordinaten ist

$$L = T - V(q_1, q_2, \ldots).$$

In cartesischen Koordinaten lautet die kinetische Energie

$$T = \sum_r \tfrac{1}{2} m_r \dot{q}_r^2,$$

wobei m_r die zur Koordinate r gehörige Masse ist. Die Bewegungsgleichungen sind gegeben durch

$$m_r \frac{dq_r}{dt} = -\frac{\partial V}{\partial q_r}$$

und die Energie durch

$$H = \sum \tfrac{1}{2} m_r \dot{q}_r^2 + V.$$

Dann und nur dann, wenn V von den Differenzen der Koordinaten und nicht von der absoluten Lage der Teilchen abhängt, wird

$$\sum_r \frac{\partial V}{\partial q_r} = 0;$$

hieraus folgt, daß der Gesamtimpuls des Teilchensystems erhalten bleibt

$$\frac{d}{dt}\left(\sum_r p_r\right) = 0.$$

Eine alternative Beschreibung der klassischen Mechanik bietet der Hamiltonsche Formalismus. Drückt man die Energie H als Funktion von q_r und p_r (und gegebenenfalls noch der Zeit) aus

$$H = H(q_1, q_2, \ldots, p_1, p_2, \ldots; t),$$

so nennt man $H(q_1, q_2, \ldots; p_1, p_2, \ldots; t)$ die *Hamilton-Funktion* des Teilchensystems. Die Geschwindigkeit $\dot{q}_r$ berechnet man durch Differentiation der Hamiltonfunktion nach p_r

$$\dot{q}_r = \frac{\partial H}{\partial p_r}.$$

und die Bewegungsgleichungen des Systems lassen sich in der Form schreiben

$$\dot{p}_r = -\frac{\partial H}{\partial q_r}.$$

In der Newtonschen Mechanik ist $p_r = m_r \dot{q}_r$ und H hat die Form $H = \sum_r (\tfrac{1}{2} p_r^2 / m_r) + V$.

Beispiele I

1. Gib die grundlegenden Eigenschaften eines Systems von Vektoren an. Betrachte dann die Gesamtheit der Funktionen mit folgenden Eigenschaften:

(1) jede Funktion $\phi(x)$ hat eine Ableitung $\phi'(x)$ für $a < x < b$ und

(2) $\phi'(x+\varepsilon) + \phi'(x-\varepsilon) - 2\phi'(x)$ geht gegen Null für ε gegen Null im Intervall $a < x < b$. Zeige, daß diese Funktionen ein System von Vektoren bilden, d. h. daß sie alle Eigenschaften $a - c$ von 1.1 haben, wenn

(a) die Vektorsumme von $\phi(x)$ und $\psi(x)$ definiert ist als die gewöhnliche Summe $\phi(x) + \psi(x)$;

(b) der Nullvektor die spezielle „Funktion" 0 und das Negative eines Vektors $\phi(x)$ durch $-\phi(x)$ definiert ist;

(c) das Produkt einer Zahl a mit dem Vektor $\phi(x)$ durch $a\phi(x)$ definiert ist.

Beachte, daß man um einen schlüssigen Beweis zu führen unter anderem zeigen muß, daß $\phi(x) + \psi(x)$, $-\phi(x)$ und $a\phi(x)$ Vektoren sind, wenn $\phi(x)$ und $\psi(x)$ Vektoren sind. Ist $\phi'(x)$ notwendig ein Vektor, wenn $\phi(x)$ ein Vektor ist?

2. Zeige aus den *Grundannahmen*, daß für Vektoren ϕ, ψ, χ gilt

(1) $0\,\phi = 0$,

(2) $a\,0 = 0$,

(3) $a\phi + b\psi = \frac{1}{2}(a+b)(\phi+\psi) + \frac{1}{2}(a-b)(\phi-\psi)$.

3. Gib die Definition eines linearen Operators an. Sind A, B, C lineare Operatoren, wie sind dann die Operatoren $A + B$, AB, $A + B + C$ und $A - B$ definiert? Zeige aus den *Grundannahmen*, daß $(A+B)^2 = A^2 + AB + BA + B^2$ ist. Mit $[A, B] = AB - BA$ zeige, daß

$$[A, B^3] = [A, B]B^2 + B[A, B]B + B^2[A, B]$$

und gewinne einen ähnlichen Ausdruck für $[A, B^4]$. Zeige ferner, daß

$$[A,[B,C]] + [B,[C,A]] + [C,[A,B]] = 0$$

ist. Mit $\{A, B\} = AB + BA$ zeige, daß

$$\{A, BC\} = [A, B]C + B\{A, C\}$$

und

$$[A, BC] = \{A, B\}C - B\{C, A\} = [A, B]C - B[C, A].$$

4. A und B seien lineare Operatoren mit den Eigenschaften $A^2 = B^2 = 1$ und $\{A, B\} = AB + BA = 0$. Ferner sei $C = -iAB$. Beweise, daß $C^2 = 1$ und $\{A, C\} = \{B, C\} = 0$ ist. Zeige, daß der

Operator A die Eigenwerte -1 und $+1$ hat. Ist ϕ Eigenvektor von A zum Eigenwert $+1$, so zeige, daß $B\phi$ Eigenvektor von A zum Eigenwert -1, und $(C - iB)\phi = 0$ ist. Beweise, daß

$$(aA + bB + cC)^2 = (a^2 + b^2 + c^2)\,\mathbf{1}$$

ist. Bestimme hiermit oder auch auf anderem Wege die Eigenwerte von $aA + bB + cC + d\mathbf{1}$.

5. Zeige, daß die *Norm* (Länge) eines Vektors ϕ eine reelle Zahl $\|\phi\|$ ist mit den Eigenschaften:

(1) $\|\phi\| \geqq 0$ und $\|\phi\| = 0$ genau dann, wenn $\phi = 0$;

(2) $\|\phi + \psi\| \leqq \|\phi\| + \|\psi\|$;

(3) $\|a\phi\| = |a|\,\|\phi\|$, wobei $|a|$ der Betrag der eventuell komplexen Zahl a ist. Zeige, daß

$$(\phi, \psi) = [\|\phi + \psi\|^2 - \|\phi - \psi\|^2 + i\,\|\phi - i\psi\|^2 - i\,\|\phi + i\psi\|^2],$$

wobei (ϕ, ψ) das Skalarprodukt von ϕ und ψ ist.

6. A und B seien lineare Operatoren mit den Eigenschaften $A^3 = A$, $B^3 = B$ und $A^2B + BA^2 = B$. Zeige, daß $ABA = 0$, $A^2B^2 = B^2A^2$ und daß für $(AB - BA) = iC$ gilt: $C^3 = C$, $CA - AC = iB$ und $A^2C + CA^2 = C$. Zeige, daß der Operator A die Eigenwerte $-1, 0$ und $+1$ hat. Wird zu den bestehenden Gleichungen noch die Relation $B^2A + AB^2 = A$ hinzugenommen, so ist $BAB = 0$ und $BC - CB = iA$.

7. Welche ist die grundlegende Eigenschaft eines *hermiteschen* linearen Operators? Zeige, daß $(AB)^* = B^*A^*$. Ist B hermitesch und $A^*B = BA$, so folgt aus $A\psi = a\psi$, daß entweder a reell oder $(\psi, B\psi) = 0$.

8. Was ist ein *unitärer* linearer Operator? Zeige, daß das Reziproke eines unitären Operators unitär ist und daß das Produkt zweier unitärer Operatoren ebenfalls unitär ist. Ist $A^2 = B^2 = \mathbf{1}$, $AB + BA = 0$ und $C = -iAB$ ist, so bilde das Reziproke des Operators $aA + bB + cC + d\mathbf{1}$, wobei $a^2 + b^2 + c^2 \neq d^2$ ist. Zeige, daß der Operator $(\cos\theta\,\mathbf{1} + i\sin\theta A)$ unitär ist, wenn A hermitesch ist.

9. Ist $(A - \alpha_1\mathbf{1})(A - \alpha_2\mathbf{1}) = 0$ und ist ϕ ein Vektor, der *nicht* Eigenvektor von A sonst aber beliebig ist, so sind $(A\phi - \alpha_2\phi)$ und $(A\phi - \alpha_1\phi)$ Eigenvektoren von A. Verallgemeinere dieses Ergebnis, um die Eigenvektoren des Operators anzugeben, für den $(B - \beta_1\mathbf{1})$ $(B - \beta_2\mathbf{1})(B - \beta_3\mathbf{1}) = 0$ gelten soll.

10. Definiere die *Determinante* einer Matrix und berechne die Determinante

$$|A| = \begin{vmatrix} a & b & c & d \\ -d & a & b & c \\ -c & -d & a & b \\ -b & -c & -d & a \end{vmatrix}$$

Zeige dann, daß die Matrix A in der Form

$$A = a\mathbf{1} + bQ + cQ^2 + dQ^3$$

ausgedrückt werden kann, wobei Q eine bestimmte Matrix ist. Zeige, daß $Q^4 = -1$ ist, und gib die Eigenwerte von Q und A an. Verifiziere dann für die spezielle Matrix A, daß die Determinante einer Matrix das Produkt ihrer Eigenwerte ist. Bestimme die Eigenvektoren von Q und A.

2. Die physikalischen Grundlagen der Quantenmechanik

Zwei der nützlichsten Begriffe zum Verständnis physikalischer Erscheinungen in der klassischen Physik sind Teilchen und Welle. Ein Teilchen stellt man sich als einen bewegten Punkt vor. Eine Welle denkt man sich analog einer Wasserwelle oder den Wellen einer schwingenden Saite. Beide Begriffe sind auch in der Quantenmechanik nützlich, doch keiner von beiden reicht zur Beschreibung der Elementarteilchen aus. Daher kommt es sehr darauf an, daß man ihren Nutzen und die Begrenzung ihrer Anwendung richtig einschätzt. Der Leser sei daran erinnert, daß man im 19. Jahrhundert auf Grund der Maxwellschen Theorie zu der Vorstellung neigte, daß das Licht und verschiedene andere Formen der Strahlung aus elektromagnetischen Wellen bestehen. Diese Vorstellung war jedoch nur sehr schwer mit Plancks und Einsteins Entdeckung in Einklang zu bringen, wonach eine elektromagnetische Strahlung der Frequenz ω und der Wellenlänge $2\pi\lambda\!\!\!^-$ aus unzerteilbaren „Photonen" der Energie $E = \hbar\omega$ und des Impulses $p = \hbar/\lambda\!\!\!^-$ besteht. Noch überraschender war die durch Streuexperimente belegte Hypothese de Broglies, daß die Elektronen, bis dahin als typische Teilchen betrachtet, Eigenschaften einer Welle besitzen, d. h. eine Frequenz ω und eine Wellenlänge $2\pi\lambda\!\!\!^-$, die mit der relativistischen Gesamtenergie E und dem Impuls p durch die gleichen Formeln verknüpft sind, die auch für die elektromagnetische Strahlung gelten. Offenbar bedurfte es einer neuen Konzeption, um den offensichtlichen Widerspruch zu beheben, daß Photonen, Elektronen und andere Teilchen sowohl Eigenschaften eines bewegten Punktes als einer Welle in sich vereinigen können.

Da man außer der Evidenz unserer Sinne allem mißtrauen kann, tun wir, um solch einen Widerspruch aufzulösen, gut daran, die Anordnungen zu prüfen, mit deren Hilfe individuelle Teilchen nachgewiesen und untersucht werden. Dazu werden gewöhnlich die folgenden Apparate benutzt:

(1) *Die Nebelkammer.* Durchquert ein geladenes Teilchen eine mit gesättigtem Dampf gefüllte Kammer, so ionisiert es die Atome auf seinem Wege. Wird die Kammer expandiert, so kondensiert sich der nun übersättigte Dampf an den Ionen, und die ungefähre Bahn des Teilchens wird als Tröpfchenspur sichtbar.

Bringt man die Kammer in ein Magnetfeld B, so hat die Bahn eines Teilchens mit der Masse m und der Ladung e den Krümmungsradius $cp/(eB)$, dessen Messung also den Impuls p zu bestimmen gestattet.

(2) *Die photographische Emulsion.* Beim Durchgang eines geladenen Teilchens werden Elektronen der Emulsionskörner in unmittelbarer Nachbarschaft der Bahn angeregt. Diese wiederum regen weitere Elektronen an, so daß die in Mitleidenschaft gezogenen Körner beim Entwickeln sichtbar werden und dadurch die ungefähre Flugbahn des Teilchens erkennen lassen.

(3) *Die Blasenkammer.* Diese hat heute die Nebelkammer weitgehend verdrängt, von der sie sich nur dadurch unterscheidet, daß sie eine Flüssigkeit am Siedepunkt anstelle eines Dampfes am Kondensationspunkt benutzt. Die Flüssigkeit wird durch Expansion überhitzt, so daß die Ionen, die beim Durchgang des Teilchens erzeugt wurden, als Kondensationskerne für Blasenbildung dienen.

(4) *Der Zähler.* Er kommt in verschiedenen Versionen vor, deren gemeinsames Merkmal ist, energiereiche Teilchen dadurch nachzuweisen, daß diese eine Elektronenlawine auslösen, die verstärkt und registriert wird. Ein einzelner Zähler registriert die ungefähre Lage und die Ankunftszeit eines Teilchens, zwei oder mehrere Zähler — in Koinzidenz oder verzögerter Koinzidenz geschaltet — erlauben, die Bahn und die mittlere Geschwindigkeit des Teilchens zu bestimmen. Ungeladene Teilchen können nachgewiesen werden, wenn sie in einer Reaktion von geladenen Teilchen emittiert oder absorbiert werden.

Gemeinsames Merkmal der beschriebenen Apparate ist, daß die geringfügige Beeinflussung durch ein einzelnes Teilchen ausreicht, um einen Effekt makroskopischer Dimension auszulösen. Normalerweise geschieht dies dadurch, daß irgendein Teil des Nachweisgerätes aus einem metastabilen Zustand in einen thermodynamisch stabilen Zustand übergeht.

Betrachten wir nun — indem wir stets die Mittel im Auge behalten, mit denen individuelle Teilchen nachgewiesen werden— ein Experiment, bei dem der Gegensatz der beiden Begriffe Teilchen und Welle besonders sichtbar wird. Das fragliche Experiment war, zusammen mit anderen Problemen, Gegenstand eines Streitgespräches zwischen Bohr und Einstein in den Jahren 1928 bis 1930. Von einer Quelle S werden Elektronen oder Photonen ausgesandt, die, nachdem sie die Schlitze A, B in einem Schirm passiert haben, in einer photographischen Platte P absorbiert werden (Fig. 1).

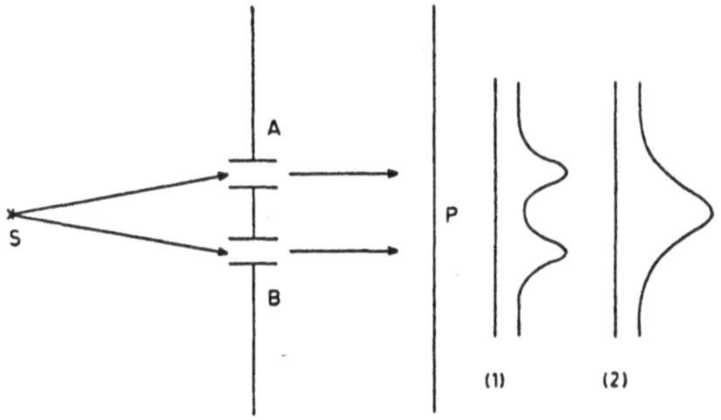

Fig. 1

Man findet, daß das Beugungsbild (1), das durch die Absorption einer großen Zahl von Teilchen auf der Platte P erzeugt wird, ganz verschieden ist von dem Beugungsbild (2), das man erhält, wenn während der Messung zunächst der Schlitz A und dann für die gleiche Zeit der Schlitz B geschlossen wird. Hinreichende Verringerung der Intensität der Quelle S zeigt, daß die Beugungsbilder so zustande kommen, daß die Teilchen nacheinander auf der Platte auftreffen, wobei jedes einzelne in einem definierten Punkt absorbiert wird; denn die Beugungsbilder ändern sich nicht mit der Intensität. Es ist also ausgeschlossen, daß ein Teilchen, das durch einen Schlitz hindurchgeht, ein zweites, das durch den anderen Schlitz hindurchgeht, beeinflußt.

Wären die Teilchen bewegte Punkte, die entweder durch den Schlitz A oder B (und nicht beide) hindurchgehen, so dürften die Beugungsbilder nicht davon abhängen, ob der andere Schlitz zeitweilig geschlossen war oder nicht, solange immer die gleiche Anzahl von Teilchen sowohl A als auch B passiert. Wir können daher die Möglichkeit ausschließen, daß die Teilchen den Schirm an einer definierten Stelle (entweder A oder B) passieren, wenn beide Schlitze offen sind. Andererseits gelangt jedes Teilchen zu einem definierten Ort auf der Platte *P*. Wir können daher nur schließen, daß ein Teilchen keinen definierten Ort hat, außer wenn seine Lage durch experimentelle Anordnungen fixiert wird. Da das Teilchen den Schirm nicht an einer definierten Stelle passiert, ist es unmöglich vorherzusagen, durch welchen Schlitz das Teilchen hindurchgeht. Stellt man die photographische Platte direkt hinter dem Schirm auf, so zeigt das Experiment natürlich, daß ein bestimmtes Teilchen genau durch den einen Schlitz und nicht durch den anderen hindurchfliegt. Aber damit wird die experimentelle Anordnung so verändert, daß das ursprüngliche Beugungsbild nicht mehr beobachtet wird. Schließlich ist es klar, daß die Möglichkeit vorauszusagen, welchen Schlitz das Teilchen passieren wird, nicht dadurch geändert wird, daß man *P* hinter dem Schirm bewegt.

Eine physikalische Variable, wie der Ortsvektor des Teilchens auf dem Schirm, die nicht definiert ist, solange keine experimentelle Anordnung ihre Meßwerte festlegt, heißt *unbestimmt*. Dabei ist sorgfältig zwischen *Unbestimmtheit* und *Ungewißheit* zu unterscheiden. Eine physikalische Größe, die *ungewiß* ist, hat einen definierten Wert, der lediglich dem Experimentator unbekannt ist. Die Unbestimmtheit einer beliebigen meßbaren, charakteristischen Größe eines Teilchens oder eines Teilchensystems wird in dem Augenblick aufgehoben, in dem das Teilchen mit einem Meßgerät so wechselwirkt, daß ein makroskopischer Effekt resultiert. Wie der Autor gezeigt hat [*23*], ist es einfach die außerordentlich große Zahl der Teilchen eines makroskopischen Systems, die die Unbestimmtheit auf ein unbedeutendes Maß reduziert. Der Wert einer gemessenen Größe bleibt solange ungewiß, bis der Experimentator von der Veränderung, die in seiner Apperatur eingetreten ist, Kenntnis nimmt. Danach ist ihr Wert gewiß.

2.1 Die quantenmechanischen Paradoxa

Es ist lehrreich, im Lichte des bisher Gesagten gewisse Paradoxa zu betrachten, die von verschiedenen bedeutenden Gegnern der Prinzipien der Quantentheorie vorgebracht wurden.

(1) Schrödingers Katzen-Paradoxon

Auf Schrödinger geht folgendes Gedankenexperiment zurück. Ein schalldichter Kasten mit undurchsichtigen Wänden ist mit einem Verschluß versehen, der hinreichend kurz geöffnet werden kann, um gerade ein Photon hineinzulassen. Im Innern des Kastens befinde sich gegenüber dem Verschluß ein halbversilberter Spiegel, der genau 50% der auffallenden Photonen reflektiert und den Rest durchläßt. Wird ein Photon reflektiert, ereignet sich nichts. Wird jedoch ein Photon vom Spiegel durchgelassen, so löst es einen ebenfalls im Kasten befindlichen Zähler aus, der elektrisch mit einem geladenen Gewehr verbunden ist. Eine Katze ist im Kasten eingesperrt. Wenn nun der Zähler auf das Photon anspricht, so wird das Gewehr ausgelöst, und die Katze verliert das letzte ihrer sieben Leben. Wir nehmen nun an, daß der Verschluß kurzfristig geöffnet wurde. Nach SCHRÖDINGER ist es dann unbestimmt, ob das Photon von dem halbversilberten Spiegel reflektiert oder durchgelassen wird. Daher ist es auch unbestimmt, ob der Zähler anspricht, und ob das Gewehr entladen wird. Also ist es unbestimmt, ob die Katze lebt oder tot ist. Nur wenn der Experimentator den Kasten öffnet und hineinschaut, wird die Unbestimmtheit aufgehoben. Die Katze gleitet aus einem Zustand, der sich der Beurteilung entzieht, wieder zurück ins Leben oder in den Tod. Niemand würde diese Schlußfolgerung akzeptieren. Damit ist also — nach SCHRÖDINGER — die ganze Konzeption der Unbestimmtheit fraglich.

Der Leser sollte leicht den Haken in der obigen Argumentation finden. Die Unbestimmtheit wird in dem Augenblick aufgehoben, in dem das Photon mit dem Zähler wechselwirkt oder nicht. Danach kann es höchstens noch ungewiß sein, ob die Katze lebt oder tot ist.

(2) De Broglies Paradoxon

Das folgende Paradoxon geht auf DE BROGLIE zurück. Es ist auf den ersten Blick verwirrender. Ein verschlossener Kasten mit reflektierenden Innenwänden befinde sich in Paris. Er enthalte ein einzelnes Teilchen. Nun wird eine reflektierende Trennwand eingeschoben, die den Kasten in zwei gleiche Hälften halbiert, ohne daß dabei versucht wird, das Teilchen zu lokalisieren. Die zwei Hälften werden danach getrennt, und von den beiden neu entstandenen Kästen wird einer nach Tokio geschickt. Es ist damit also ganz unbestimmt, ob der in Paris verbleibende Kasten das Teilchen enthält. In Tokio wird nun durch ein Experiment festgestellt, ob der dorthin gesandte Kasten das Teilchen enthält oder nicht. Im selben Augenblick, in dem diese Frage geklärt ist, steht auch fest, ob der Kasten in Paris das Teilchen enthält oder nicht — auch diese Unbestimmtheit ist danach aufgehoben. Ein Experiment in Tokio ruft also einen sofortigen Effekt in Paris hervor, ohne das eine Nachrichtenübertragung zwischen den beiden Städten möglich war. Das ist einfach unglaubwürdig! Die Situation, die sich DE BROGLIE ausdachte, enthält keine wesentliche Einzelheit, die nicht auch schon in einem beliebigen Experiment zur Bestimmung der Lage eines Teilchens auftritt. Die weite Trennung der beiden Kästen, die er fordert, dient lediglich zur

Betonung der offensichtlich absurden Annahme, daß sich die Bestimmtheit wie Licht von einem Ort zum anderen ausbreitet. Andererseits scheint die Tatsache, daß der Nachweis eines Teilchens an einem Ort die Gegenwart am anderen Ort ausschließt, ohne diese weite Trennung nichts Bemerkenswertes zu enthalten. Vom physikalischen Standpunkt aus gesehen, ist nicht mehr als die Erhaltung der Teilchenzahl im Spiel.

Der Quantentheoretiker vertritt daher den Standpunkt, daß kein wirkliches Paradoxon vorliegt, solange keine Widersprüche oder Fragwürdigkeiten auftreten.

(3) Das Paradoxon von Einstein, Rosen und Podolsky [24]

De Broglies Paradoxon ist in einer Beziehung sehr ähnlich einem Paradoxon von Einstein, Rosen und Podolsky (ERP), welches zeigen soll, daß die Quantenmechanik nur eine unvollständige Beschreibung physikalischer Systeme liefert. Das Paradoxon von ERP lenkt die Aufmerksamkeit aber noch auf eine andere Frage, nämlich die der Verträglichkeit von Messungen der Lage und der Geschwindigkeit desselben Teilchens. Formulieren wir aber zunächst das Paradoxon selbst.

Dazu betrachten wir zwei Teilchen, die zusammenstoßen und danach auseinander fliegen. Wir können voraussetzen, daß ihr Gesamtimpuls $\mathfrak{p} = \mathfrak{p}_1 + \mathfrak{p}_2$ bekannt ist. Aber die Impulse $\mathfrak{p}_1, \mathfrak{p}_2$ der Teilchen sind unbestimmt. Außerdem ist erlaubt anzunehmen, daß der Vektor $\mathfrak{r} = \mathfrak{q}_2 - \mathfrak{q}_1$ der relativen Lage der beiden Teilchen bekannt ist. Ihre absolute Lage $\mathfrak{q}_1, \mathfrak{q}_2$ aber ist notwendig unbestimmt. Mißt man nun den Impuls des einen Teilchens $\mathfrak{p}_1$, so wird auch gleichzeitig der Impuls $\mathfrak{p}_2$ des anderen Teilchens bestimmt. Mißt man die Lage $\mathfrak{q}_1$, so wird gleichzeitig auch die Lage $\mathfrak{q}_2$ des anderen Partners bestimmt. Dabei sind zwei Dinge merkwürdig:

1. Die Messung der physikalischen Größe eines Teilchens beeinflußt auch die Bestimmtheit einer Größe an einem anderen Teilchen, das weit entfernt vom Meßort sein kann.

2. Es kann entweder die Lage oder der Impuls des zweiten Teilchens bestimmt werden, während die Quantenmechanik fordert, daß sie beide nicht bestimmt sein können.

Der erste Teil des Paradoxons (wenn diese Bezeichnung dafür überhaupt zulässig ist) ist ähnlich dem de Broglies. Die vorgegebenen Variablen sind diesmal lediglich der Gesamtimpuls und die relative Lage. Es wäre natürlich sehr unbefriedigend, wenn die Messung von $\mathfrak{p}_1$ und $\mathfrak{q}_1$ nicht ausreicht, um auch $\mathfrak{p}_2$ bzw. $\mathfrak{q}_2$ bestimmt zu machen! Der zweite Teil des Paradoxon löst sich auf, wenn man die Tatsache berücksichtigt, daß der Apparat zur Messung von $\mathfrak{p}_1$ verschieden ist von dem zur Messung von q_1. Diese beiden Messungen schließen sich aus — genau wie im Streuexperiment (Fig. 1) der Nachweis der Teilchen direkt hinter dem Schirm die Möglichkeit ausschließt, das Beugungsbild zu beobachten und umgekehrt. Das Paradoxon von ERP basiert auf der falschen Vorstellung, daß eine Größe, die bestimmt gemacht werden kann, eine reale Bedeutung selbst dann hat, wenn sie nicht gemessen wird.

Die Unmöglichkeit, die Ergebnisse gewisser Messungen an einem Teilchen oder an einem System von Teilchen vorherzusagen, ist eine wesentliche Eigenschaft der Quantenmechanik. In der klassischen Mechanik werden solche Vorhersagen mit Hilfe der Bewegungsgleichungen des Systems und der Kenntnis der Lagen und Geschwindigkeiten der Teilchen zur Anfangszeit gemacht. Wir werden sehen, daß es auch in der Quantenmechanik Bewegungsgleichungen gibt, die in ihrer Form identisch sind mit denen der klassischen Physik. Aber es ist physikalisch unmöglich, Kenntnis über Lage und Geschwindigkeit zu erhalten.

Die Analyse eines physikalischen Experimentes zeigt, daß im allgemeinen drei Dinge beteiligt sind:

(1) das beobachtete System,
(2) die Meßapparatur,
(3) der Beobachter, der das Ergebnis der Messung registriert.

In der makroskopischen Physik kann man unter idealen Verhältnissen annehmen, daß (1) unbeeinflußt von (2) und (2) unbeeinflußt von (3) ist. Obwohl es eine Wechselwirkung zwischen (1) und (2) und zwischen (2) und (3) geben muß, darf man annehmen, daß diese Wechselwirkung so klein gemacht werden kann, daß durch sie weder das Verhalten von (1) noch die Funktion von (2) beeinflußt werden. Überdies nimmt man an, daß die Wechselwirkung zwischen (2) und (3) unwesentlich ist, und daß das Ergebnis einer Messung vorhersagbar ist und, falls erwünscht, vom Beobachter berechnet werden kann.

Hat das beobachtete System aber atomare Dimensionen, so erfordern diese Annahmen eine Überprüfung. Es ist dann nicht mehr länger wahr, daß die Wechselwirkung zwischen (1) und (2) so klein gehalten werden kann, daß das Verhalten des beobachteten Systems unbeeinflußt bleibt. Da der Meßapparat makroskopischer Natur sein muß, kann die Wechselwirkung zwischen (2) und (3) vernachlässigt werden. Gewöhnlich trifft es aber nicht zu, daß der Beobachter das Meßergebnis vorhersagen kann.

Infolge der Wechselwirkung zwischen dem beobachteten System und der Meßapparatur sind gewisse Messungen nicht miteinander verträglich. Die Ausführung einer Messung schließt die Möglichkeit einer anderen aus. Nehmen wir z.B. an, wir wollen die Entfernung zwischen zwei Elektronen mit einem wahrscheinlichen Fehler messen, der kleiner als Δr ist. Das ist möglich, wenn man die beiden Elektronen mit Strahlung der Wellenlänge Δr wechselwirken läßt. Aber diese Strahlung übt einen Rückstoß auf die Elektronen aus, so daß ihre relative Geschwindigkeit Schwankungen der Größenordnung $(\Delta r)^{-1}$ unterliegt. Die genaue Messung der Relativgeschwindigkeit der Elektronen wird daher durch die Messung des Relativabstandes ausgeschlossen. Ganz allgemein gilt, daß die gleichzeitige genaue Messung einer Koordinate q und einer entsprechenden Geschwindigkeit $\dot{q}$ unmöglich ist. In dem Maße, wie die Genauigkeit einer Messung zunimmt, nimmt die mögliche Genauigkeit einer anderen Messung ab. Es ist daher nicht möglich, „Anfangsbedingungen" für die Vorhersage über das Verhalten eines atomaren Systems anzugeben, wie es in der klassischen Physik geschieht. Diese Tatsache ist nach der Quantentheorie nicht eine bloß experimentelle Schwierigkeit, sondern ein fundamentales Naturgesetz.

Die Quantentheorie erlaubt jedoch, zwei Arten von Aussagen zu machen:

1. Obwohl man das genaue Ergebnis a einer Messung nicht vorhersagen kann, läßt sich voraussagen, daß es zu einer Menge von Werten $\{a^{(j)}\}$ gehört.

2. Man kann außerdem die Wahrscheinlichkeit $p^{(j)}$ angeben, daß das Ergebnis einer Messung $a^{(j)}$ ist. Das besagt: Bei einer hinreichend großen Zahl von identischen Experimenten, ist der Bruchteil derjenigen, die $a^{(j)}$ als Ergebnis liefern, bis auf einen beliebig kleinen Fehler gleich $p^{(j)}$.

Die Zahlen $a^{(j)}$ sind eine Eigenschaft des beobachteten Systems. Die Wahrscheinlichkeit $p^{(j)}$ ist eine Eigenschaft des *Zustandes* eines Systems, der davon abhängt, wie die gleichartigen Experimente ausgeführt werden. Die möglichen Ergebnisse einer Messung sind identisch mit den (reellen) Eigenwerten $a^{(1)}, a^{(2)}, \ldots$ eines hermiteschen Operators A. Von diesem sagt man, er repräsentiere die gemessene Größe. Ein hermitescher Operator, der eine meßbare Größe repräsentiert, wird *Observable* genannt. Zwei verschiedene Messungen sind miteinander verträglich oder nicht verträglich. Sind sie verträglich, so haben die Observablen A, B, die die gemessenen Größen darstellen, simultane Eigenwerte $a^{(j)}$, $b^{(k)}$ zum gemeinsamen Eigenvektor $\psi^{(jk)}$. Es gilt dann

$$A\,\psi^{(jk)} = a^{(j)}\,\psi^{(jk)} \quad \text{und} \quad B\,\psi^{(jk)} = b^{(k)}\,\psi^{(jk)}.$$

Wie wir in 1.5 schon erwähnten, ist die Bedingung hierfür Kommutativität von A und B. Sind die Messungen jedoch nicht miteinander verträglich, so besitzen die Observablen A und B nicht simultane Eigenwerte, und A, B kommutieren nicht miteinander. In der klassischen Physik nimmt man an, daß alle Messungen miteinander verträglich sind und die Observablen, die die gemessenen Größen darstellen, daher stets miteinander kommutieren; die Operatoren können dann durch Zahlen ersetzt werden. In der Quantenphysik sind wir aber schon mit der Tatsache vertraut, daß die Observablen einer Koordinate und einer Geschwindigkeit nicht miteinander kommutieren.

Der Zustand eines atomaren Systems wird durch einen Vektor ψ dargestellt. Entwickelt man ψ nach den Eigenvektoren $\psi^{(j)}$ einer Observablen A: $\psi = \sum_j c_j \psi^{(j)}$, so beschreibt das Glied $c_j \psi^{(j)}$ die *Möglichkeit*, daß die Messung der entsprechenden Größe den Eigenwert $a^{(j)}$ liefert. Andererseits können wir aber auch annehmen, daß der Vektor ψ eine beliebig große Zahl von identischen Systemen darstellt. Der Summand $c_j \psi^{(j)}$ beschreibt dann diejenigen Systeme, die bei der Messung von A den Eigenwert $a^{(j)}$ liefern. Sind ψ und $\psi^{(j)}$ normiert, so ist nach BORN, der die statistische Interpretation der Quantenmechanik begründet hat, die Zahl $c_j^* c_j$ die Wahrscheinlichkeit, daß die Messung den Eigenwert $a^{(j)}$ ergibt. Die Wahrscheinlichkeiten sind nicht nur positiv, sondern ergeben, aufaddiert, natürlich eins:

$$\sum_j c_j^* c_j = 1$$

(siehe Übung 5). Der im Mittel gemessene Wert von A ist

$$\sum_j c_j^* c_j a^{(j)} = \psi^* A \psi.$$

Zusammenfassung: Physikalische Interpretation

(1) Ein hermitescher linearer Operator (Observable) repräsentiert eine meßbare Größe, seine Eigenwerte sind die Ergebnisse der Messung. Lassen sich zwei verschiedene Größen gleichzeitig messen, so kommutieren die Observablen, die diese Größen darstellen. Andernfalls kommutieren sie nicht.

(2) Ein normierter Vektor beschreibt den Zustand eines atomaren Systems (oder einer Gesamtheit identischer Systeme). Die Möglichkeit, bei der Messung der durch die Observable A repräsentierten Größe den Eigenwert $a^{(j)}$ zu finden, wird durch die Projektion des Vektors auf den normierten Eigenvektor $\psi^{(j)}$ beschrieben (oder diese

Projektion liefert die Zahl derjenigen Elemente der Systemgesamtheit, die nach der Messung den Eigenwert $a^{(j)}$ haben).

(3) Die Wahrscheinlichkeit, im Zustand ψ den Eigenwert $a^{(j)}$ von A zu messen, ist $c_j^* c_j$. Dabei ist $c_j \psi^{(j)}$ die in (2) erwähnte Projektion des normierten Vektors ψ auf den normierten Eigenvektor $\psi^{(j)}$. Der Mittelwert von A ist $\psi^* A \psi$.

Wenn der Zustand des Systems so festgelegt ist, daß der Eigenwert $a^{(j)}$ mit Sicherheit gemessen wird, so ist der Zustandsvektor ψ ein Eigenzustand von A.

2.2 Vertauschungsrelation für die Energie

Zwei Messungen, die miteinander unverträglich sind, werden durch nichtkommutierende Observablen A, B dargestellt. Daher interessiert der Wert des Kommutators $(AB - BA)$. Wir betrachten zunächst den Kommutator $(AH - HA)$ einer beliebigen Observablen A mit der Observablen H, der Gesamtenergie des atomaren Systems. Dieser Kommutator wurde von Heisenberg unter Borns Mitarbeit etwa in folgender Weise abgeleitet:

Auf Grund der Untersuchungen von Planck und Einstein war die Beziehung

$$E = \hbar \omega$$

zwischen der Energie E eines Strahlungsquants, der Frequenz ω und der Planckschen Konstanten $\hbar$ ($\hbar = 1{,}0544 \cdot 10^{27}$ erg·sec) im Jahre 1925 wohlbekannt. Wenn also ein Atom, das ein Strahlungsquant mit der Frequenz ω aussendet, im Anfangszustand die Energie $E^{(i)}$ und im Endzustand die Energie $E^{(f)}$ hat, so muß

$$E^{(i)} - E^{(f)} = \hbar \omega \tag{2.1}$$

sein. Bezeichnen $\psi^{(i)}$ und $\psi^{(f)}$ die Eigenvektoren der Energie H des Atoms zu den Eigenwerten $E^{(i)}$ und $E^{(f)}$, so folgt aus 2.1

$$\begin{aligned} \psi^{(f)*}(AH - HA)\,\psi^{(i)} &= (E^{(i)} - E^{(f)})\,\psi^{(f)*} A\,\psi^{(i)} \\ &= \hbar\omega\,\psi^{(f)*} A\,\psi^{(i)} . \end{aligned}$$

Heisenberg nahm nun an, daß das Matrixelement $\psi^{(f)*} A\,\psi^{(i)}$ einer beliebigen Observablen A des Atoms sich harmonisch mit der Zeit ändert, nämlich mit der Frequenz der emittierten Strahlung. Es sollte also gelten

$$i \frac{d}{dt}(\psi^{(f)*} A\,\psi^{(i)}) = \omega\,\psi^{(f)*} A\,\psi^{(i)}$$

und damit

$$\psi^{(f)*}(AH - HA)\,\psi^{(i)} = i\hbar \frac{d}{dt}\,(\psi^{(f)*} A\,\psi^{(i)}) .$$

Nimmt man ferner an, daß die Vektoren $\psi^{(i)}$ und $\psi^{(f)}$ sich nicht mit der Zeit ändern, so führt dies zu

$$AH - HA = i\hbar \frac{dA}{dt}. \tag{2.2}$$

Diese *Vertauschungsregel* wird als Postulat angenommen, das durch das Experiment nahegelegt wird.

Anmerkung. Hätte HEISENBERG angenommen, daß sich die Vektoren $\psi^{(i)}$ und $\psi^{(f)}$ mit der Zeit ändern und nicht der Operator A, so wäre er zur *Schrödingergleichung*

$$i\hbar \frac{d\psi^{(i)}}{dt} = H\psi^{(i)}$$

gelangt. Diese bildet die Grundlage der Wellenmechanik, einer Theorie, die auf den ersten Blick zwar recht verschieden von der Matrizenmechanik aussieht, ihr in Wirklichkeit aber äquivalent ist.

2.3 Konstanten der Bewegung

Ist der Operator A eine Konstante der Bewegung, d. h. ist $dA/dt = 0$, so erhält man als erstes Ergebnis aus Gl. (2.2), daß $AH = HA$. Jede beliebige Konstante der Bewegung kann also gleichzeitig mit der Energie gemessen werden.

2.4 Vertauschungsrelationen zwischen Koordinaten und Impulsen

Wir betrachten ein Teilchen, das sich in einer vorgegebenen Richtung in einem Feld bewegt, dessen Potential $V(q)$ von der Koordinate q abhängt. Seine Energie lautet

$$H = \tfrac{1}{2} m\dot{q}^2 + V(q); \quad \dot{q} = \frac{dq}{dt}.$$

Die Beziehung

$$qH - Hq = i\hbar\dot{q}$$

reduziert sich damit auf

$$\tfrac{1}{2} m(q\dot{q}^2 - \dot{q}^2 q) = i\hbar\dot{q}$$

die man in der Form

$$\tfrac{1}{2} m(q\dot{q} - \dot{q}q)\dot{q} + \tfrac{1}{2} m\dot{q}(q\dot{q} - \dot{q}q) = i\hbar\dot{q},$$

schreiben kann. Diese Gleichung wird offensichtlich erfüllt durch

$$m(q\dot{q} - \dot{q}q) = i\hbar$$

oder wenn man $p = m\dot{q}$ für den Impuls schreibt

$$qp - pq = i\hbar\,. \tag{2.3}$$

Im dreidimensionalen Fall ist

$$H = \tfrac{1}{2}m(\dot{q}_1^2 + \dot{q}_2^2 + \dot{q}_3^2) + V(q_1, q_2, q_3)\,,$$

wobei q_1, q_2 und q_3 die drei Koordinaten sind.

Aus physikalischen Gründen kann man annehmen, daß sowohl diese Koordinaten als auch die drei Komponenten der Geschwindigkeit gleichzeitig gemessen werden können, d. h. daß

$$q_\alpha q_\beta = q_\beta q_\alpha\,, \qquad (\alpha, \beta = 1, 2, 3)$$
$$\dot{q}_\alpha \dot{q}_\beta = \dot{q}_\beta \dot{q}_\alpha\,.$$

Die Relation

$$q_\alpha H - H q_\alpha = i\hbar\,\dot{q}_\alpha$$

ist erfüllt, falls

$$m(q_\alpha \dot{q}_\beta - \dot{q}_\beta q_\alpha) = i\hbar\,\delta_{\alpha\beta}\,.$$

Führen wir wieder den Impuls $p_\alpha = m\dot{q}_\alpha$ ein, so erhalten wir

$$\boxed{\begin{array}{c} q_\alpha q_\beta = q_\beta q_\alpha\,, \quad p_\alpha p_\beta = p_\beta p_\alpha\,, \\ q_\alpha p_\beta - p_\beta q_\alpha = i\hbar\,\delta_{\alpha\beta} \end{array}}\,. \tag{2.4}$$

Für ein System von mehreren Teilchen lautet die Energie

$$H = \sum_r (\tfrac{1}{2}m_r \dot{q}_r^2) + V(q_1, q_2, \ldots)\,.$$

Die Vertauschungsrelationen sind analog; mit $p_r = m\dot{q}_r$ lauten sie

$$\boxed{\begin{array}{c} q_r q_s = q_s q_r\,, \quad p_r p_s = p_s p_r\,, \\ q_r p_s - p_s q_r = \mathrm{i}\hbar\,\delta_{rs} \end{array}}\,. \tag{2.5}$$

2.5 Andere Kommutatoren

Aus

$$qp - pq = \mathrm{i}\hbar$$

erhält man

$$\begin{aligned} q^2 p - p q^2 &= q(qp - pq) + (qp - pq)q \\ &= \mathrm{i}\hbar q + \mathrm{i}\hbar q = 2\mathrm{i}\hbar q\,, \\ q^3 p - p q^3 &= q(q^2 p - p q^2) + (qp - pq)q^2 \\ &= 2\mathrm{i}\hbar q^2 + \mathrm{i}\hbar q^2 = 3\mathrm{i}\hbar q^2 \end{aligned}$$

und durch Induktion

$$q^n p - p q^n = n\,\mathrm{i}\hbar\, q^{n-1}$$

Definiert man die Ableitung einer Funktion $f(q)$, deren Argument q eine Matrix ist, durch

$$f'(q) = \lim_{\varepsilon \to 0} \varepsilon^{-1}\{f(q + \varepsilon\,\mathbf{1}) - f(q)\},$$

so sieht man, daß

$$f(q)\,p - p\,f(q) = \mathrm{i}\hbar\, f'(q) \tag{2.6}$$

für beliebige Polynome $f(q)$, oder für beliebige Matrizenfunktionen $f(q)$, die nach Potenzen von q entwickelt werden können.

Multipliziert man $qp - pq = i\hbar$ von links und rechts mit q^{-1}, so erhält man

$$q^{-1}(q\,p - p\,q)\,q^{-1} = \mathrm{i}\hbar\, q^{-2}$$

oder

$$q^{-1} p - p\, q^{-1} = \mathrm{i}\hbar\, q^{-2}$$

und durch Iteration

$$q^{-n} p - p\, q^{-n} = -\,n\,\mathrm{i}\hbar\, q^{-(n+1)}\,.$$

Damit ist das Ergebnis (2.6) auf Funktionen erweitert, die nach negativen Potenzen von q entwickelt werden können. Für eine beliebige Konstante c gilt

$$(q - c)\,p - p(q - c) = \mathrm{i}\hbar\,;$$

Gl. (2.6) gilt also auch für Funktionen, die nach positiven und negativen Potenzen von $(q - c)$ entwickelt werden können, d. h. für alle analytischen Funktionen.

2.6 Bewegungsgleichungen

Betrachte ein Teilchen mit dem Hamiltonschen Energieoperator

$$H = p^2/(2\,m) + V(q)\,,$$

wobei $q\,p - p\,q = \mathrm{i}\hbar$ ist. Man verifiziert, daß

$$\dot q = (q\,H - H\,q)/(\mathrm{i}\hbar) = p/m$$

und

$$\begin{aligned} p &= (p\,H - H\,p)/(\mathrm{i}\hbar) \\ &= [p\,V(q) - V(q)\,p]/(\mathrm{i}\hbar) \\ &= -\,V'(q)\,. \end{aligned}$$

Trotz der formalen Ähnlichkeit zwischen dieser Gleichung und der klassischen Bewegungsgleichung gelten die allgemeinen Folgerungen der klassischen Theorie in der Matrizenmechanik nicht (höchstens näherungsweise unter gewissen Umständen). Was man wirklich mißt, sind die Eigenwerte von Observablen. Die Eigenwerte von Operatoren genügen aber nicht den Gleichungen, die die Operatoren erfüllen. Nur wenn die Plancksche Konstante $\hbar$ vernachlässigbar ist gegen die gesamte Wirkung eines mechanischen Problems, kann man die Vertauschungsrelation $qp - pq = i\hbar$ durch $pq = qp$ ersetzen, ohne dabei einen merklichen Fehler zu begehen. Dann kommutieren auch alle anderen Operatoren und genügen denselben Gleichungen wie ihre Eigenwerte. Daher kann man bei makroskopischen Systemen, deren Wirkung immer sehr groß gegen $\hbar$ ist, die klassische Mechanik ohne Zweifel anwenden. Bei atomaren Systemen können jedoch Ergebnisse, die auf der klassischen Mechanik beruhen, nur „zufällig" richtig sein.

Übung 7. Es seien q_r, p_r die Observablen der Koordinaten und der kanonischen Impulse eines Teilchensystems. Zeige, daß für eine analytische Funktion $f = f(q_1, q_2, \ldots)$ gilt

$$f p_r - p_r f = i\hbar \frac{\partial f}{\partial q_r} .$$

Zeige außerdem, daß die Observablen die „Bewegungsgleichungen" der klassischen Theorie erfüllen, wenn

$$H = \sum_r p_r^2/(2 m_r) + V(q_1, q_2, \ldots) .$$

Beispiele II

1. Formuliere in möglichst klarer Weise den Unterschied zwischen Ungewißheit und Unbestimmtheit. Betrachte dazu einen radioaktiven Kern, der in einer photographischen Emulsion eingebettet und von Zählern umgeben ist, welche die Emission von β-Teilchen beim Zerfall des Kerns registrieren. Nach einiger Zeit wird die Emulsion entfernt, entwickelt und untersucht, und die Zähler werden abgelesen. In welchem Augenblick, wenn überhaupt, wurde es (a) bestimmt und (b) gewiß, daß der Kern entweder (1) zerfallen oder (2) nicht zerfallen ist?

2. Diskutiere die Schwierigkeiten, denen man bei der Messung der genauen Lage und Geschwindigkeit eines Teilchens begegnet unter den folgenden Umständen: (1) In einer Nebelkammer mit einem magnetischen Feld, wobei die Spur der Teilchen zur Bestimmung der Lage und die Krümmung der Spur zur Messung des Impulses benützt wird. (2) Bei einer Anordnung, in der das Teilchen winzige Löcher in zwei hintereinander aufgestellten Schirmen durch-

fliegt. In der Nähe der Löcher aufgestellte, in verzögerter Koinzidenz geschaltete Zähler messen die Zeit, die das Teilchen zum Durchfliegen der Entfernung zwischen den Schirmen braucht.

Unter (1) diskutiere den Einfluß der Gasdichte und der magnetischen Feldstärke in der Nebelkammer, unter (2) einen möglichen Einfluß des Durchmessers der Löcher sowie der Entfernung zwischen den Schirmen auf die Genauigkeit der Messung.

3. Unter welchen Umständen ist es möglich, das Ergebnis eines Experimentes mit Sicherheit vorherzusagen? Was bedeutet die Aussage, daß die Wahrscheinlichkeit für ein spezielles Ergebnis einen sicheren Wert hat? Ein Teilchen mit einem bekannten Impuls stößt mit einem anderen Teilchen zusammen und gerät danach in das magnetische Feld einer Nebelkammer, die aber nicht betrieben wird. In welchen Augenblicken ist es möglich von der Wahrscheinlichkeit zu sprechen, daß das Teilchen einen Impuls innerhalb gewisser Grenzen besitzt?

4. Wie stellt man in der Quantenmechanik die möglichen Ergebnisse einer Messung dar und wie den Zustand des Systems, an dem die Messung ausgeführt wird? Was ist eine Observable? Wie lautet die Bedingung dafür, daß zwei verschiedene Messungen miteinander verträglich sind? Wie bestimmt man die Wahrscheinlichkeit dafür, daß eine Messung ein spezielles Ergebnis liefert? Fasse die physikalische Interpretation der Quantenmechanik zusammen.

5. Gib physikalische Gründe an für die Überzeugung, daß Energie und Impuls im atomaren Bereich erhalten sind. Fasse die Hamiltonsche und Lagrangesche Formulierung der klassischen Mechanik zusammen und zeige, daß abgesehen von gewissen Bedingungen, die sorgfältig anzugeben sind, beide Formulierungen Energie- und Impulserhaltung in sich schließen. Was ist an der Hamiltonschen und Lagrangeschen Mechanik falsch? Wie wirkt sich das auf die Gültigkeit der Erhaltungssätze aus?

6. Nimm die Vertauschungsregel

$$A H - H A = \mathrm{i}\hbar \frac{dA}{dt}$$

an, wobei H der Hamiltonoperator ist. Es sei

$$\psi^{(f)*} A \psi^{(i)} = \text{const} \times e^{-i\omega t},$$

wobei $\psi^{(i)}$ und $\psi^{(f)}$ Vektoren sind, die den Anfangs- und Endzustand eines Atoms darstellen. ω bezeichne die Frequenz der ausgesandten Strahlung. Zeige, daß die Energie der ausgesandten Strahlung $\hbar\omega$ ist. Ist U der Operator

$$U = \exp(-i H t/\hbar)$$

und

$$\psi = U\psi^{(i)}, \qquad A_s = U A U^*,$$

so beweise die Gleichungen

$$i\hbar \frac{d\psi_s^{(i)}}{dt} = H\psi_s^{(i)}, \qquad \frac{dA_s}{dt} = 0.$$

7. Es sei $H = \frac{1}{2} m\dot{q}^2 + V(q^2)$. Zeige, daß die Vertauschungsrelationen für die Energie befriedigt werden, wenn

$$qp - pq = \mathrm{i}\hbar(1 + 2l),$$

wobei $p = m\dot{q}$ und $lp + pl = 0$. Beweise, daß $(lq + ql)$ mit p antikommutiert und nicht von der Zeit abhängt, falls l nicht von der Zeit abhängt.

8. Die in 7. erhaltene zusätzliche „Lösung" der Vertauschungsregeln kann man folgendermaßen verstehen: Sei $\sigma_1^2 = \sigma_2^2 = 1$ und $\sigma_3 = -\mathrm{i}\sigma_2\sigma_1$, außerdem seien $\mathfrak{q} = (q_1, q_2, q_3)$ der Ortsvektor und $\mathfrak{p} = (p_1, p_2, p_3)$ der Impuls eines Teilchens. Es mögen die gewöhnlichen Vertauschungsrelationen gelten

$$q_\alpha p_\beta - p_\beta q_\alpha = \mathrm{i}\hbar\,\delta_{\alpha\beta},$$

und wir nehmen an, daß jedes σ_α mit allen q_α und p_α kommutiert. Mit den Definitionen

$$\begin{aligned} q &= \mathfrak{q}\cdot\boldsymbol{\sigma} = q_1\sigma_1 + q_2\sigma_2 + q_3\sigma_3, \\ p &= \mathfrak{p}\cdot\boldsymbol{\sigma} = p_1\sigma_1 + p_2\sigma_2 + p_3\sigma_3, \\ l\hbar &= (\mathfrak{q}\times\mathfrak{p})\cdot\boldsymbol{\sigma} + \hbar = (q_2p_3 - q_3p_2)\sigma_1 + (q_3p_1 - q_1p_3)\sigma_2 + \\ &\quad + (q_1p_2 - q_2p_1)\sigma_3 + \hbar \end{aligned}$$

beweise dann, daß

$$\begin{aligned} qp - pq &= \mathrm{i}\hbar(1 + 2l), \\ ql + lq &= pl + lp = 0, \\ q^2 &= \mathfrak{q}^2, \quad p^2 = \mathfrak{p}^2. \end{aligned}$$

9. Zeige, daß

$$qp^n - p^n q = n\,\mathrm{i}\hbar\,p^{n-1}.$$

Folgere daraus die Gültigkeit von

$$q\,\mathrm{e}^{-\mathrm{i}ap/\hbar} - \mathrm{e}^{-\mathrm{i}ap/\hbar}q = a\,\mathrm{e}^{-\mathrm{i}ap/\hbar},$$

d. h. von

$$\mathrm{e}^{\mathrm{i}ap/\hbar}q\,\mathrm{e}^{-\mathrm{i}ap/\hbar} = q + a.$$

Die durch $\mathrm{e}^{\mathrm{i}ap/\hbar}$ definiert unitäre Transformation stellt also die Verschiebung eines Teilchens vom Punkt q zum Punkt $(q + a)$ dar.

10. Gib den Hamiltonoperator für zwei Teilchen an, deren potentielle Energie $V(r)$ nur vom Abstand r abhängt, wobei $\mathbf{r} = \mathfrak{q}_2 - \mathfrak{q}_1$ den Abstandsvektor der beiden Teilchen bezeichnet. Sind m_1 und m_2 die Massen der Teilchen und

$$\mathfrak{p}_r = (m_1 \mathfrak{p}_2 - m_2 \mathfrak{p}_1)/(m_1 + m_2),$$

so zeige, daß

$$r_\alpha p_{r\beta} - p_{r\beta} r_\alpha = \mathrm{i}\hbar\,\delta_{\alpha\beta}.$$

Mit $\mathbf{x} = (m_1 \mathfrak{q}_1 + m_2 \mathfrak{q}_2)/(m_1 + m_2)$ und $\mathfrak{p}_x = \mathfrak{p}_1 + \mathfrak{p}_2$ zeige ferner, daß

$$x_\alpha p_{x\beta} - p_{x\beta} x_\alpha = \mathrm{i}\hbar\,\delta_{\alpha\beta},$$

$$x_\alpha p_{r\beta} = p_{r\beta} x_\alpha, \quad r_\alpha p_{x\beta} = p_{x\beta} r_\alpha.$$

Schließlich leite noch die Zerlegung her

$$H = \tfrac{1}{2}\,\mathfrak{p}_x^2/(m_1 + m_2) + \tfrac{1}{2}\,(m_1 + m_2)\,\mathfrak{p}_r^2/(m_1 m_2) + V(r).$$

Welche Bedeutung hat diese Zerlegung?

3. Der harmonische Oszillator

Einfache harmonische Oszillationen treten überall in der Atomphysik auf. So wird z. B. die Relativbewegung der Atome in einem zweiatomigen Molekül in guter Näherung durch harmonische Oszillationen beschrieben, wenn deren Amplitude nicht zu groß ist. Dasselbe gilt für die Relativbewegung von Atomen in komplizierteren Molekülen. Die Bewegung der Atome oder Ionen in einem Kristall kann in eine große Zahl von einfachen harmonischen Oszillationen zerlegt werden. Schließlich ist auch die elektromagnetische Strahlung einem System harmonischer Oszillatoren äquivalent, von denen, wie wir sehen werden, je zwei zu einer Frequenz gehören.

Die Hamiltonsche Energie eines linearen Oszillators ist von der Form

$$H = p^2/(2m) + c\,q^2.$$

Wir stehen vor der Aufgabe, die Eigenwerte dieser Observablen, auch *Energieniveaus* des Oszillators genannt, zu bestimmen. Sie sind durch die obige Formel für die Energie und die Vertauschungsregel $qp - pq = \mathrm{i}\hbar$ eindeutig gegeben. Zur Vereinfachung des Problems setzen wir

$$\omega^2 = 2c/m;$$

ω ist die Frequenz der Oszillationen der klassischen Theorie. Ferner setzen wir

$$\begin{aligned} p &= (m\hbar\omega)^{1/2} P \\ q &= (\hbar\omega/2c)^{1/2} Q, \end{aligned}$$

so daß

$$H = \tfrac{1}{2}(P^2 + Q^2)\hbar\omega \tag{3.1}$$

und

$$\begin{aligned} qp - pq &= (m\hbar^2\omega^2/2c)^{1/2}(QP - PQ) \\ &= \hbar(QP - PQ), \end{aligned}$$

d. h.

$$QP - PQ = \mathrm{i} \tag{3.2}$$

resultieren. Es handelt sich nunmehr um die Bestimmung der Eigenwerte des Operator $\frac{1}{2}(P^2 + Q^2)$. Dazu gibt es eine allgemeine Methode, die wir später erläutern werden. Zunächst geben wir einfach die Lösung an.

3.1 Lösung des Problems

Betrachte die unendliche Matrix A_{kl}, die in folgender Weise definiert ist

$$A_{kl} = \begin{cases} 0, & l \neq k+1 \\ \alpha k^{1/2}, & l = k+1 \end{cases}, \quad k, l = 1, 2, 3 \ldots;$$

dabei ist α eine komplexe Zahl vom Betrage 1. Die hermitesch Konjugierte der Matrix ist A^*_{kl} mit

$$A^*_{kl} = \begin{cases} 0, & k \neq l+1 \\ \alpha^* l^{1/2}, & k = l+1, \end{cases}$$

wobei α^* das komplex Konjugierte von α ist. Explizit lauten die Matrizen also

$$A = \alpha \begin{pmatrix} 0 & 1 & 0 & 0 & . \\ 0 & 0 & 2^{1/2} & 0 & . \\ 0 & 0 & 0 & 3^{1/2} & . \\ . & . & . & . & . \end{pmatrix}, \quad A^* - \alpha^* \begin{pmatrix} 0 & 0 & 0 & . \\ 1 & 0 & 0 & . \\ 0 & 2^{1/2} & 0 & . \\ 0 & 0 & 3^{1/2} & . \\ . & . & . & . \end{pmatrix}.$$

Multiplizieren wir die Matrizen, so ergibt sich

$$AA^* = \begin{pmatrix} 1 & 0 & 0 & . \\ 0 & 2 & 0 & . \\ 0 & 0 & 3 & . \\ . & . & . & . \end{pmatrix}, \quad A^*A = \begin{pmatrix} 0 & 0 & 0 & 0 & . \\ 0 & 1 & 0 & 0 & . \\ 0 & 0 & 2 & 0 & . \\ . & . & . & . & . \end{pmatrix}.$$

Also ist $AA^* - A^*A = 1$.

Setzen wir nun

$$A = (Q + \mathrm{i}\,P)/2^{1/2}\,, \quad A^* = (Q - \mathrm{i}\,P)/2^{1/2}\,,$$

so erhalten wir

$$\begin{aligned} A\,A^* &= \tfrac{1}{2}\,(Q^2 + P^2) - \tfrac{1}{2}\,\mathrm{i}\,(QP - PQ), \\ A^*A &= \tfrac{1}{2}\,(Q^2 + P^2) + \tfrac{1}{2}\,\mathrm{i}\,(QP - PQ) \end{aligned}$$

und durch Subtraktion

$$QP - PQ = \mathrm{i}\,,$$

wie es Gl. (3.2) verlangt. Die Größen

$$\begin{aligned} Q &= (A + A^*)/2^{1/2}\,, \\ P &= \mathrm{i}\,(A^* - A)/2^{1/2} \end{aligned}$$

erfüllen also automatisch die Vertauschungsregeln. Man beachte, daß die so definierten Q und P hermitesch sind und daher die Rolle von Observablen spielen können. Ferner ist

$$\begin{aligned} \tfrac{1}{2}\,(A\,A^* + A^*A) &= \tfrac{1}{2}\,(P^2 + Q^2) \\ &= \begin{pmatrix} \frac{1}{2} & 0 & 0 & 0 & . \\ 0 & \frac{3}{2} & 0 & 0 & . \\ 0 & 0 & \frac{5}{2} & 0 & . \\ 0 & 0 & 0 & \frac{7}{2} & . \\ . & . & . & . & . \end{pmatrix}. \end{aligned}$$

Hieraus entnimmt man, daß die Eigenwerte von $\frac{1}{2}(P^2 + Q^2)$ die Zahlen $\frac{1}{2}, \frac{3}{2}, \frac{5}{2}, \ldots$ sind und daß in der gewählten Darstellung der Eigenvektor zum Eigenwert $\frac{1}{2}(2j - 1)$ der Vektor $\psi^{(j)}$ mit den Komponenten $\psi_k^{(j)} = \delta_{jk}$ ist.

Die Energieniveaus des harmonischen Oszillators, d. h. die Eigenwerte des durch Gl. (3.1) definierten H lauten daher

$$E^{(j)} = \tfrac{1}{2}\,(2j - 1)\,\hbar\,\omega\,,$$

wobei j eine positive ganze Zahl und ω die Frequenz der klassischen Theorie sind. Die Energiemessung muß notwendig einen dieser Eigenwerte liefern. Der Oszillator kann Energie nur in ganzen Vielfachen des Betrages $\hbar\,\omega$ beim Übergang zwischen zwei aufeinanderfolgenden Niveaus aufnehmen oder abgeben. Ferner hat der energetisch tiefste Zustand des Oszillators die Energie $\frac{1}{2}\hbar\,\omega$ und nicht Null wie in der klassischen Theorie.

Die in der Definition von A auftretende komplexe Zahl α bleibt bei der Bestimmung der Eigenwerte noch frei. Sie muß aber der Relation

$$AH - HA = \mathrm{i}\hbar \dot{A}$$

genügen. Da $H = (A^* A + \frac{1}{2})\hbar\omega$ ist, gilt

$$\begin{aligned} AH - HA &= (AA^* - A^*A) A\hbar\omega \\ &= A\hbar\omega . \end{aligned}$$

Somit muß $\mathrm{i}\dot{A} = \omega A$ sein, d. h. $\mathrm{i}\dot{\alpha} = \omega\alpha$. Dies liefert

$$\alpha = \exp[-\mathrm{i}\omega(t - t_0)],$$

wobei t_0 beliebig ist. Solange es sich nur um Observablen zu einer bestimmten Zeit $t = t_0$ handelt, kann man $\alpha = 1$ setzen. Aber man muß im Auge behalten, daß Observablen, die nicht Konstanten der Bewegung sind, sich mit der Zeit ändern.

Übung 8. Zeige, daß die Eigenwerte von $N = A^* A$ die ganzen Zahlen 0, 1, 2, ... sind. Beweise durch Induktion, daß

$$(A^*)^n A^n = N(N-1)\ldots(N-n+1)$$

für positive ganze Werte von n ist.

3.2 Deduktiver Lösungsgang

Steht man dem gleichen Problem gegenüber, ohne die Antwort von vornherein zu wissen, würde man die Observablen $\frac{1}{2}(P^2 + Q^2)$, um deren Eigenwerte es geht, in der faktorisierten Form

$$\tfrac{1}{2}(P^2 + Q^2) = A^* A + c_1 \tag{3.3}$$

schreiben, wobei c_1 eine gewöhnliche Zahl ist. Im allgemeinen gibt es mehrere Möglichkeiten dies zu tun; hier sind es zwei. Ist $A = (Q - \mathrm{i}P)/2^{1/2}$, so findet man mit Hilfe der Vertauschungsrelation $QP - PQ = \mathrm{i}$, daß $c_1 = -\frac{1}{2}$ ist. Für $A = (Q + \mathrm{i}P)/2^{1/2}$ findet man dagegen $c_1 = 1/2$. Generell wählt man diejenige Alternative, die den größten Wert von c_1 liefert, in diesem Beispiel also $A = (Q + \mathrm{i}P)/2^{1/2}$.

Bezeichne ψ einen beliebigen Eigenvektor von $N = A^* A$ und λ den zugehörigen Eigenwert, so daß also $N\psi = \lambda\psi$ ist. Ferner sei $\phi^{(n)} = A^n\psi$. Dann ist

$$\begin{aligned} \phi^{(n)*}\phi^{(n)} &= (A^n\psi)^* A^n\psi \\ &= \psi^*(A^*)^n A^n \psi \end{aligned}$$

Aus der Verstauchungsregel $QP - PQ = \mathrm{i}$ folgt nun, daß $AA^* - A^*A = 1$, und daher gilt nach Übung 8

$$(A^*)^n A^n = N(N-1)\ldots(N-n+1).$$

Setzt man dies in obige Formel ein, so folgt

$$\begin{aligned}\phi^{(n)*}\phi^{(n)} &= \lambda(\lambda-1)\ldots(\lambda-n+1)\,\psi^*\psi\\ &= \lambda(\lambda-1)\ldots(\lambda-n+1)\,,\end{aligned}$$

falls ψ normiert ist. Bezeichnen $\phi_k^{(n)}$ $(k = 1, 2, 3, \ldots)$ die Komponenten von $\phi^{(n)}$, so gilt aber

$$\phi^{(n)*}\phi^{(n)} = \sum_k \phi^{(n)*}\phi^{(n)} \geqq 0\,,$$

und somit

$$\boxed{\lambda(\lambda-1)\ldots(\lambda-n+1) \geqq 0}\,. \tag{3.4}$$

Diese Ungleichung, für $n = 1, 2, 3, \ldots$ gültig, bestimmt die Eigenwerte von N ebenso vollständig wie die Gleichung $D(\lambda) = 0$ die Eigenwerte einer endlichen Matrix. Für $n = 1$ verlangt die Ungleichung (3.4) $\lambda \geqq 0$, d. h. N hat keine negativen Eigenwerte. Für $n = 2$ verlangt sie $\lambda(\lambda - 1) \geqq 0$, d. h. λ hat, abgesehen von 0, keinen Wert kleiner als 1. Aus $n = 3$ folgt $\lambda(\lambda - 1)\,(\lambda - 2) \geqq 0$, d. h. λ kann außer 0 und 1 keinen Wert kleiner als 2 annehmen. Schreitet man in dieser Weise fort, so findet man, daß λ eine nichtnegative ganze Zahl sein muß. Die Eigenwerte von N sind daher $0, 1, 2, \ldots$. Mit $c_1 = \frac{1}{2}$ folgt aus Gl. (3.3), daß die Eigenwerte von $\frac{1}{2}(P^2 + Q^2)$ lauten: $\frac{1}{2}$, $\frac{3}{2}$, $\frac{5}{2}$, wie wir schon in Abschnitt 3.1 gesehen haben.

Eine andere Aufgabe ist es, Matrizen zu bestimmen, welche die geforderten Relationen erfüllen. Dazu kann man folgendermaßen vorgehen:

$\psi^{(1)}$ sei der zum niedrigsten Eigenwert $\lambda = 0$ gehörende normierte Eigenvektor von N, d. h. $N\psi^{(1)} = 0$. Alle anderen Eigenvektoren können dann, wie wir zeigen werden, mit Hilfe von $\psi^{(1)}$ ausgedrückt werden. Aus $AA^* = N + 1$ folgt nämlich $NA^* = A^*AA^* = A^*(N + 1)$ und damit

$$N(A^*\psi^{(1)}) = A^*(N+1)\,\psi^{(1)} = A^*\psi^{(1)}\,.$$

$A^*\psi^{(1)}$ ist also Eigenvektor von N zum Eigenwert $\lambda = 1$. Ähnlich zeigt man, daß

$$N(A^{*2}\psi^{(1)}) = A^*(N+1)\,(A^*\psi^{(1)}) = 2\,A^{*2}\psi^{(1)}\,,$$

so daß $A^{*2}\psi^{(1)}$ Eigenvektor von N zum Eigenwert $\lambda = 2$ ist. Generell erzeugt die Anwendung von A^* auf einen Eigenvektor einen neuen Eigenvektor zu einem Eigenwert, der um 1 erhöht ist. Somit ist $A^{*n}\psi^{(1)}$ Eigenvektor zum Eigenwert $\lambda = n$.

Um diese Eigenvektoren zu normieren bemerken wir, daß

$$\begin{aligned} A A^* &= N + 1 \\ A^2 A^{*2} &= A A^* (A A^* + 1) \\ &= (N + 1)(N + 2) . \end{aligned}$$

Durch wiederholte Anwendung folgt also

$$A^n A^{*n} = (N + 1)(N + 2) \ldots (N + n) .$$

Daher ist

$$\begin{aligned} (A^{*n} \psi^{(1)})^* A^{*n} \psi^{(1)} &= \psi^{(1)*} A^n A^{*n} \psi^{(1)} \\ &= \psi^{(1)*} (N + 1)(N + 2) \ldots (N + n) \psi^{(1)} \\ &= n! \, \psi^{(1)*} \psi^{(1)} = n! , \end{aligned}$$

falls $\psi^{(1)}$ normiert ist. Sei α eine beliebige komplexe Zahl vom Betrage 1, dann ist

$$\psi^{(n+1)} = \alpha^n (n!)^{-1/2} A^{*n} \psi^{(1)} \tag{3.5}$$

ein normierter Eigenvektor zum Eigenwert $\lambda = n$.

Da die $\psi^{(j)}$ Eigenvektoren eines hermiteschen Operators sind, stehen sie orthogonal aufeinander, d. h. es ist

$$\psi^{(j)*} \psi^{(k)} = \delta_{jk} .$$

Man kann daher eine Darstellung wählen, in der $\psi^{(j)}$ die Komponenten $\psi_l{}^{(j)} = \delta_{jl}$ hat. Die Matrixelemente von A sind durch

$$\begin{aligned} A_{kl} &= \psi^{(k)*} A \psi^{(l)} \\ &= (A^* \psi^{(k)})^* \psi^{(l)} \end{aligned}$$

gegeben. Aus Formel (3.5) folgt

$$A^* \psi^{(k)} = \alpha^* k^{1/2} \psi^{(k+1)} .$$

Man erhält also

$$A_{kl} = \alpha k^{1/2} \psi^{(k+1)*} \psi^{(l)} = \begin{cases} \alpha k^{1/2}, & l = k + 1 , \\ 0 , & l \neq k + 1 , \end{cases}$$

was in Übereinstimmung mit Abschnitt 3.1 steht.

Übung 9. (a) Zeige, daß für eine beliebige Zahl c der Vektor Ψ mit den Komponenten $\psi_k = c^{k-1} [(k - 1)!]^{-1/2} e^{-c^2}$ ein Eigenvektor von A ist. Bestimme den zugehörigen Eigenwert.

(b) Es sei $f(n)$ eine Funktion, die für ganze Werte von n definiert ist. Zeige, daß

$$A f(N) = f(N + 1) A \quad \text{und} \quad A^* f(N) = f(N - 1) A^* .$$

3.3 Mittelwerte und Schwankungen

Ein Oszillator sei in dem Eigenzustand $\psi^{(j)}$ zum Eigenwert $(j - 1/2)\hbar\omega$. In einer Darstellung wie in 3.1, in der die Energie diagonal ist, sind die Komponenten $\psi_k{}^{(j)} (=\delta_{jk})$ des Energieeigenvektors alle Null mit Ausnahme einer (der j-ten), die den Wert 1 hat. Der Mittelwert einer beliebigen Observablen L in dem betrachteten Eigenzustand ist dann gegeben durch $\psi^{(j)*} L \psi^{(j)} = L_{jj}$.

So ist zum Beispiel der Mittelwert der Observablen

$$Q = (A + A^*)/\sqrt{2} \text{ Null}, \text{ da } A_{jj} = (A^*)_{jj} = 0\,.$$

Ebenso ist auch der Mittelwert von $P = i(A^* - A)/\sqrt{2}$ Null. Dies entspricht genau der Erwartung. Berechnen wir dagegen den Mittelwert von

$$\begin{aligned} Q^2 &= \tfrac{1}{2}(A^2 + A^{*2} + AA^* + A^*A)\,, \\ P^2 &= \tfrac{1}{2}(-A^2 - A^{*2} + AA^* + A^*A)\,, \end{aligned}$$

so folgt, da

$$A^2 = \alpha^2 \begin{pmatrix} 0 & 0 & \sqrt{2} & 0 & . \\ 0 & 0 & 0 & \sqrt{6} & . \\ 0 & 0 & 0 & 0 & . \\ . & . & . & . & . \end{pmatrix}, \qquad A^{*2} = \alpha^{*2} \begin{pmatrix} 0 & 0 & 0 & . \\ 0 & 0 & 0 & . \\ \sqrt{2} & 0 & 0 & . \\ 0 & \sqrt{6} & 0 & . \\ . & . & . & . \end{pmatrix},$$

und damit $(A^2)_{jj} = (A^{*2})_{jj} = 0$, daß $(AA^*)_{jj} = j$ und $(A^*A)_{jj} = j - 1$ ist; wir haben also

$$(Q^2)_{jj} = (P^2)_{jj} = \tfrac{1}{2}(2j - 1)\,.$$

Die mittlere quadratische Abweichung der Lage des Teilchens ist daher durch

$$(\Delta q)^2 = (q^2)_{jj} = (\hbar\,\omega/2c)\,(j - \tfrac{1}{2})$$

und die mittlere quadratische Abweichung des Impulses durch

$$(\Delta p)^2 = (p^2)_{jj} = m\hbar\,\omega\,(j - \tfrac{1}{2})$$

gegeben. Daraus wiederum folgt

$$\begin{aligned} (\Delta p\,\Delta q)^2 &= (m\hbar^2\omega^2/2c)\,(j - \tfrac{1}{2})^2 = \hbar^2(j - \tfrac{1}{2})^2\,, \\ \Delta p\,\Delta q &= (j - \tfrac{1}{2})\,\hbar\,. \end{aligned}$$

Sogar im Grundzustand, d. h. im Zustand niedrigster Energie, ist weder Δp noch Δq Null, sondern $\Delta p \Delta q = \frac{1}{2}\hbar$. Dies konnte man schon auf Grund der Tatsache erwarten, daß auch die Energie $\frac{1}{2}\hbar\omega$ nicht Null war. Diese „Nullpunktsenergie“ kann vom Oszillator nicht abgegeben werden und ist in einigen Anwendungen sehr wichtig.

3.4 Anwendungen

Die obige Theorie kann leicht auf Oszillatoren mit mehreren oder sogar vielen Freiheitsgraden ausgedehnt werden. Die Energie läßt sich auf die Form

$$H = \sum_r \tfrac{1}{2} m_r \dot{q}_r^2 + \sum_r c_r q_r^2$$

reduzieren. Schreibt man

$$H_r = \tfrac{1}{2} m_r \dot{q}_r^2 + c_r q_r^2 ,$$

so daß $H = \Sigma_r H_r$, so folgt aus den Vertauschungsrelationen Gl. (2.5), daß die $H_r's$ alle miteinander kommutieren. Sie haben daher simultane Eigenwerte und Eigenvektoren. Die Energieniveaus sind $\Sigma_r (j_r - \tfrac{1}{2}) \hbar \omega_r$; dabei ist $\omega_r^2 = 2 c_r/m_r$ und j_r die Quantenzahl zur r-ten Normalschwingung. Die Nullpunktsenergie ist $\tfrac{1}{2}\hbar \Sigma_r \omega_r$.

Bei der Konstruktion von Matrizen, welche die verschiedenen Operatoren darstellen, hat man ein System von Operatoren A_r und ihre hermitesch konjugierten so darzustellen, daß $A_r A_r^* - A_r^* A_r = 1$, aber $A_r A_s = A_s A_r$ und $A_r^* A_s^* = A_s^* A_r^*$ ist für $s = r$. Dieses Problem wird am bequemsten gelöst, indem man schreibt

$$\begin{aligned} A_1 &= \mathbf{A} \times \mathbf{1} \times \mathbf{1} \times \cdots, & A_1^* &= \mathbf{A}^* \times \mathbf{1} \times \mathbf{1}\, x \cdots, \\ A_2 &= \mathbf{1} \times \mathbf{A} \times \mathbf{1} \times \cdots, & A_2^* &= \mathbf{1} \times \mathbf{A}^* \times \mathbf{1}\, x \cdots, \\ A_3 &= \mathbf{1} \times \mathbf{1} \times \mathbf{A} \times \mathbf{1} \times \cdots, \text{ etc.,} \end{aligned}$$

wobei $\times$ das direkte Produkt bedeutet. Die Matrixelemente lauten z. B.

$$(A_1)_{k_1 k_2 k_3 \cdots l_1 l_2 l_3 \cdots} = A_{k_1 l_1} \delta_{k_2 l_2} \delta_{k_3 l_3} \cdots$$

Dabei sind A_{kl} die Elemente der einfachen Matrix A, die schon bekannt ist.

Übung 10. Die Energie eines zweidimensionalen Oszillators hat die Form

$$H = \tfrac{1}{2} m (\dot{q}_1^2 + \dot{q}_2^2) + c_1 q_1^2 + 2 c q_1 q_2 + c_2 q_2^2 ,$$

wobei $c_1 > 0$ und $c_1 c_2 > c^2$ ist. Zeige, daß sie durch die Substitution

$$\begin{aligned} q_1 &= q_a \cos\theta + q_b \sin\theta , \\ q_2 &= q_b \cos\theta - q_a \sin\theta , \quad \operatorname{tg} 2\theta = 2c/(c_2 - c_1) \end{aligned}$$

auf Normalfall gebracht wird. Bestimme die Energieniveaus.

(1) Schwingungen der Atome

Wir betrachten ein zweiatomiges Molekül, dessen Atome im Abstand r die potentielle Energie $V(r)$ haben. Sind $\mathbf{q}_1$ und $\mathbf{q}_2$ die Ortsvektoren der beiden Atome, so ist r der Hauptwert der Wurzel aus dem Operator $(\mathfrak{q}_1 - \mathfrak{q}_2)^2$; die Quadratwurzel hat keine negativen Eigenwerte, und sie kommutiert mit allen Observablen, die auch mit $r^2 = (\mathfrak{q}_1 - \mathfrak{q}_2)^2$ kommutieren. Ebenso wie in der klassischen Mechanik, kann die Energie eines zweiatomigen Moleküls in eine Translationsenergie H_{Trans}, eine Rotationsenergie H_{Rot} und eine Schwingungsenergie H_{Vib} aufgespalten werden (s. 4.5):

$$H_{\text{Vib}} = p_r^2/(2m) + V(r).$$

p_r ist die Komponente des Relativimpulses längs der Achse, welche die beiden Atome miteinander verbindet. m ist die reduzierte Masse. Der Impuls p_r ist zur Koordinate r konjugiert und genügt daher der Relation $r p_r - p_r r = \mathrm{i}\hbar$.

Wir nehmen an, daß der Gesamtimpuls und das gesamte Drehmoment des Moleküls um seinen Massenschwerpunkt Null ist (genauer gesagt, daß das Molekül sich in einem Zustand befindet, in dem der Impuls und der Drehimpuls den Eigenwert Null haben), so daß H_{Trans} und H_{Rot} beide Null sind und $H = H_{\text{Vib}}$ ist.

Die potentielle Energie zweier Atome, die ein Molekül bilden können, hat ein Minimum in einem Abstand a, der in der klassischen Mechanik der Gleichgewichtslage entspricht. Es gilt also $V'(r) = 0$ für $r = a\mathbf{1}$. Die Entwicklung von $V(r)$ um $r = a\mathbf{1}$ lautet also

$$V(r) = V(a)\,\mathbf{1} + \tfrac{1}{2} V''(a)\,(r - a\,\mathbf{1})^2 + \cdots.$$

Vernachlässigt man Terme der Ordnung $(r - a\mathbf{1})^3$, so erhält man

$$H = p_r^2/(2m) + \tfrac{1}{2} V''(a)\,(r - a\,\mathbf{1})^2 + V(a)\,\mathbf{1}.$$

Da $[(r - a\mathbf{1})\,p_r - p_r(r - a\mathbf{1})] = \mathrm{i}\hbar$ ist, kann die dargelegte Theorie des einfachen harmonischen Oszillators auch hier angewandt werden. Die Energieniveaus sind

$$V(a) + (j - \tfrac{1}{2})\,\hbar\,\omega\,, \quad \text{wobei} \quad \omega^2 = 2c/m = V''(a)/m \quad \text{ist.}$$

(2) Elektromagnetische Strahlung

Wir gehen noch kurz auf eine der wichtigsten Anwendungen ein, nämlich auf die Quantentheorie der Strahlung. Die Energiedichte eines elektromagnetischen Feldes ist aus der Maxwellschen Theorie bekannt. Sie lautet $\frac{1}{2}(\mathbf{E}^2 + \mathbf{B}^2)$ in Heavisideschen Einheiten, wobei $\mathbf{E}$ die elektrische Felstärke und $\mathbf{B}$ die magnetische Induktion ist. Die Energie in einem Kubus mit dem Volumen $V = (2\pi)^3$, der keine Ladungen enthält, ist somit gegeben durch

$$H = \tfrac{1}{2} \int_0^{2\pi} \int_0^{2\pi} \int_0^{2\pi} (\mathbf{E}^2 + \mathbf{B}^2)\, dx_1\, dx_2\, dx_3\,.$$

Diese Energie kann man ausrechnen, indem man **E** und **B** durch das Vektorpotential **A** des Feldes ($\mathbf{E} = -\dot{\mathbf{A}}/c$ und $\mathbf{B} = \operatorname{rot} \mathbf{A}$) ausdrückt und **A** in eine dreidimensionale Fourierreihe entwickelt

$$\mathbf{A} = \Sigma_{\mathbf{n}}\, \mathbf{q}(\mathbf{n})\, e^{i\mathbf{n}\cdot\mathbf{x}}.$$

Dabei muß $\mathbf{q}(-\mathbf{n}) = \mathbf{q}^*(\mathbf{n})$ sein, da **A** reell ist. Dies führt zu der Entwicklung

$$H = \tfrac{1}{2}(V/c^2)\, \Sigma_{\mathbf{n}}\{\dot{\mathbf{q}}_R^2(\mathbf{n}) + \dot{\mathbf{q}}_I^2(\mathbf{n}) + c^2\mathbf{n}^2\mathbf{q}_R^2(\mathbf{n}) + c^2\mathbf{n}^2\mathbf{q}_I^2(\mathbf{n})\},$$

$\mathbf{q}_R(\mathbf{n})$ und $\mathbf{q}_I(\mathbf{n})$ bezeichnen den Real- und Imaginärteil von $\mathbf{q}(\mathbf{n})$. Das Strahlungsfeld ist daher dynamisch gesehen einem System von harmonischen Oszillatoren äquivalent, einem Oszillator für jeden Wellenvektor **n** (zwei für das Paar von Wellenvektoren **n** und $-\mathbf{n}$). Die Frequenz des zum Wellenvektor **n** gehörenden Oszillators ist $\omega(\mathbf{n}) = c|\mathbf{n}|$, und seine Energieniveaus sind daher $(j - \frac{1}{2})\hbar\omega(\mathbf{n})$. Das Feld kann daher Energie nur in Einheiten oder *Quanten* von $\hbar\omega(\mathbf{n})$ aufnehmen oder abgeben, wobei $\omega(\mathbf{n})$ die Frequenz der beteiligten Strahlung ist. Plancks Hypothese von der diskreten Natur der Strahlung ist damit bestätigt.

Übung 11. Führe die Berechnung der obigen Energie H im einzelnen durch. Dazu ist die Relation $\operatorname{div} \mathbf{A} = 0$ für das Vektorpotential zu benutzen.

Beispiele III 1. Es sei $\theta = ap - ibq$ mit $qp - pq = i\hbar$ und a und b positiv reell und $H = a^2p^2 + b^2q^2$. Zeige, daß

$$\theta\theta^* = H + ab\hbar, \quad \theta^*\theta = H - ab\hbar,$$
$$\theta\theta^* = \theta^*\theta + 2ab\hbar, \quad \theta^2\theta^{*2} = (\theta^*\theta + 2ab\hbar)(\theta^*\theta + 4ab\hbar),$$
$$\theta^n\theta^{*n} = (\theta^*\theta + 2ab\hbar)(\theta^*\theta + 4ab\hbar)\ldots(\theta^*\theta + 2nab\hbar),$$
$$\theta^{*n+1}\theta^{n+1} = \theta^*\theta(\theta^*\theta - 2ab\hbar)\ldots(\theta^*\theta - 2nab\hbar).$$

ψ sei ein normierter Eigenvektor von $\theta^*\theta$ und λ der zugehörige Eigenwert, d. h. $\theta^*\theta\psi = \lambda\psi$ mit $\psi^*\psi = 1$. Mit $\phi_n = \theta^n\psi$ zeige, daß $\phi_{n+1}^*\phi_{n+1} = \psi^*\theta^{*n+1}\theta^{n+1}\psi = \lambda(\lambda - 2ab\hbar)\ldots(\lambda - 2nab\hbar)$ ist. Leite daraus ab, daß

$$\lambda \geqq 0, \quad \lambda(\lambda - 2ab\hbar) \geqq 0, \quad \lambda(\lambda - 2ab\hbar)(\lambda - 4ab\hbar) \geqq 0,$$
$$\ldots\lambda(\lambda - 2ab\hbar)\ldots(\lambda - 2nab\hbar) \geqq 0,$$

und daß $\lambda/\hbar$ keine Werte *zwischen* $2(n-1)ab$ und $2nab$ haben kann; dabei ist n eine beliebige positive ganze Zahl. Welche Eigenwerte hat dann $\theta^*\theta$, welche H?

2. Unter Benutzung derselben Bezeichnungen wie in 1. nimm an, daß $H\psi_0 = ab\hbar\psi_0$ ist mit $\psi_0^*\psi_0 = 1$. Für $\psi_1 = \theta^*\psi_0$ zeige, daß

$H\psi_1 = 3ab\hbar\psi_1$, und daß $\psi_1^*\psi_1 = 2ab\hbar$ ist. Für

$$H\psi_{n-1} = (2n-1)\,ab\hbar\psi_{n-1} \quad \text{und} \quad \psi_n = \theta^*\psi_{n-1}$$

zeige, daß $H\psi_n = (2n+1)\,ab\hbar\psi_n$, und daß

$$\psi_n^*\psi_n = 2nab\hbar\psi_{n-1}^*\psi_{n-1}$$

ist. Leite daraus $\psi_n^*\psi_n = n!\,(2ab\hbar)^n$ ab, und zeige, daß

$$\chi_n = \psi_n/[n!\,(2ab\hbar)^n]^{1/2}$$

ein normierter Eigenvektor von H ist.

3. Zeige, daß $\theta\psi_0 = 0$ ist. Nimm an, χ sei ein Vektor mit $p\chi = 0$; zeige, daß

$$\psi_0 = \exp[-\tfrac{1}{2}bq^2/(a\hbar)]\,\chi\,.$$

Anmerkung. In der Schrödingerschen Wellenmechanik wird die Vertauschungsrelation $qp - pq \equiv \mathrm{i}\hbar$ dadurch befriedigt, daß q als reelle Variable und p als Differentialoperator

$$p = -\mathrm{i}\hbar\,(d/dq)$$

aufgefaßt wird. Wählen wir diese Darstellung, so wird der Vektor χ eine numerische Konstante und ψ_0, wie wir oben zeigten, eine gewöhnliche Funktion von q.

4. Zeige, daß

$$\psi_n^*\theta^*\psi_{n-1} = n!\,(2ab\hbar)^n\,,$$
$$\chi_n^*\theta^*\chi_{n-1} = (2ab\hbar n)^{1/2}$$
$$\psi_{n-1}^*\,\theta\,\psi_n = n!\,(2ab\hbar)^n$$

und

$$\chi_{n-1}^*\theta\chi_n = (2ab\hbar n)^{1/2}\,.$$

Beweise, daß $\psi_m^*\psi_n = 0$ außer für $m = n$, sowie $\psi_m^*\theta^*\psi_n = 0$ außer für $m = n+1$, und $\psi_m^*\theta\psi_n = 0$ außer für $m = n-1$.

5. Zeige, daß $p = \frac{1}{2}(\theta + \theta^*)/a$ ist, und berechne damit $\chi_n^* p\chi_n$ (1) für $m < n-1$, (2) für $m = n-1$, (3) für $m = n$, (4) für $m = n+1$ und (5) für $m > n+1$.
Berechne $\chi_m^* q\chi_n$ für alle Werte von m und n.

6. Das Deuteron ist ein gebundener Zustand eines Neutrons und eines Protons. Die Massen dieser Teilchen sind nahezu gleich. Sie seien mit M bezeichnet. Ihre potentielle Energie im Abstand r kann durch die Operatorfunktion $V(r) = -V\exp(-\beta^2r^2)$ dargestellt werden. Dabei ist $r^2 = (\mathfrak{q}_1 - \mathfrak{q}_2)^2$ und V positiv.

Da innerhalb des Deuterons die Abstände zwischen den Teilchen nie groß sind, können wir die Näherung $V(r) -= V(1-\beta^2r^2)$ benutzen. Der Hamilton-Operator lautet dann

$$H = (\mathfrak{p}_1^2 + \mathfrak{p}_2^2)/(2M) - V + V\beta^2r^2\,.$$

Zeige, daß in dieser Näherung die Bindungsenergie des Deuterons

$$V - 3\beta\hbar(V/M)^{1/2}$$

ist.

Das folgende ist schwieriger. Nimm an, ψ sei der Eigenvektor des angenäherten Hamiltonoperators H. Einen genaueren Eigenwert für die Bindungsenergie kann man erhalten, indem man

$$\psi^*[(\mathbf{p}_1^2 + \mathbf{p}_2^2)/2M - V\exp(-\beta^2 r^2)]\,\psi$$

berechnet.

7. Erläutere, wie in der Quantenmechanik Mittelwerte berechnet werden. Bestimme für das Beispiel 6 die mittlere kinetische Energie der beiden Teilchen, ihre gegenseitige potentielle Energie und den mittleren quadratischen Abstand zwischen ihnen.

8. Untersuche die Darstellung des elektromagentischen Feldes als eines Systems harmonischer Oszillatoren in der folgenden Weise: Solange keine elektrischen Ladungen und Ströme vorhanden sind, lauten die Maxwellschen Gleichungen

$$\operatorname{rot}\mathbf{E} = -\dot{B}/c, \qquad \operatorname{rot}\mathbf{B} = \dot{\mathbf{E}}/c,$$
$$\operatorname{grad}\mathbf{E} = 0, \qquad \operatorname{grad}\mathbf{B} = 0.$$

Zeige, daß diese Gleichungen durch den Ansatz

$$\mathbf{B} = \operatorname{rot}A \quad \text{und} \quad \mathbf{E} = -\dot{\mathbf{A}}/c$$

erfüllt werden, vorausgesetzt, daß

$$\operatorname{div}\mathbf{A} = 0, \quad \Delta\,\mathbf{A} = \ddot{\mathbf{A}}/c^2$$

Zeige weiterhin, daß diese Gleichungen durch die Fourierreihe

$$\mathbf{A} = \sum_{\mathbf{k}} \mathbf{q}(\mathbf{k})\,e^{i\mathbf{k}\cdot\mathbf{x}}$$

befriedigt werden, wenn

$$\mathbf{k}\cdot\mathbf{q}(\mathbf{k}) = 0$$

und die folgende harmonische Oszillatorgleichung erfüllt ist

$$\ddot{\mathbf{q}}(\mathbf{k}) = -c^2\mathbf{k}^2\mathbf{q}(\mathbf{k}).$$

9. Die Energiedichte eines elektromagnetischen Feldes ist $\frac{1}{2}(\mathbf{E}^2 + \mathbf{B}^2)$ in Heavisideschen Einheiten. Die Gesamtenergie in einem rechtwinkligen Bereich R ist daher

$$H = \tfrac{1}{2}\int_R (\mathbf{E}^2 + \mathbf{B}^2)\,d^3x.$$

Wir setzen

$$\mathbf{B} = \operatorname{rot}\mathbf{A}, \quad \mathbf{E} = -\dot{\mathbf{A}}/c$$

und entwickeln $\mathbf{A}$ innerhalb von R in eine Fourriereihe, so daß

$$\mathbf{A} = \sum_{\mathbf{k}} \mathfrak{q}(\mathbf{k})\, e^{i\mathbf{k}\cdot\mathbf{x}}$$

und

$$V\mathfrak{q}(\mathbf{k}) = \int_R \mathbf{A}\, e^{-i\mathbf{k}\cdot\mathbf{x}} d^3x\,,$$

wobei V das Volumen von R ist; denn es ist

$$\int_R e^{i(\mathbf{k}-\mathbf{l})\cdot\mathbf{x}}\, d^3x = \begin{cases} 0, & \mathbf{k} \neq \mathbf{l}\,, \\ V, & \mathbf{k} = \mathbf{l}\,. \end{cases}$$

Zeige, daß

$$\int \dot{\mathbf{A}}^2 d^3x = V\, \Sigma_{\mathbf{k}} \dot{\mathfrak{q}}(\mathbf{k}) \cdot \dot{\mathfrak{q}}(-\mathbf{k})$$

und

$$\int (\mathrm{rot}\ \mathbf{A})^2 d^3x = V\, \Sigma_{\mathbf{k}} k^2 \mathfrak{q}(\mathbf{k}) \cdot \mathfrak{q}(-\mathbf{k})\,,$$

so daß

$$H = \tfrac{1}{2} V\, \Sigma_{\mathbf{k}} [\dot{\mathfrak{q}}(\mathbf{k}) \cdot \dot{\mathfrak{q}}(-\mathbf{k})/c^2 + k^2 \mathfrak{q}(\mathbf{k}) \cdot \mathfrak{q}(-\mathbf{k})]\,.$$

Da $\mathbf{A}$ reell ist, gilt $\mathfrak{q}(-\mathbf{k}) = [\mathfrak{q}(\mathbf{k})]^*$.

Setze

$$\mathfrak{q}(\mathbf{k}) = \mathfrak{q}_{R\mathbf{k}} + i\,\mathfrak{q}_{I\mathbf{k}}\,,$$

und zeige, daß

$$H = \tfrac{1}{2} V\, \Sigma_{\mathbf{k}} [(\dot{\mathfrak{q}}_{R\mathbf{k}}^2 + \dot{\mathfrak{q}}_{I\mathbf{k}}^2)/c^2 + k^2 (\mathfrak{q}_{R\mathbf{k}}^2 + \mathfrak{q}_{I\mathbf{k}}^2)]\,.$$

Dies ist der Hamiltonoperator eines Systems von Oszillatoren. Welche sind seine Energieniveaus?

10. Untersuche die physikalische Interpretation der in 8. und 9. erhaltenen Resultate wie folgt: Der Zustand niedrigster Energie eines Feldes ist das Vakuum. Wenn einer der Oszillatoren (der mit der „Koordinate“ $\mathfrak{q}_{R\mathbf{k}}$ oder $\mathfrak{q}_{I\mathbf{k}}$ verknüpft ist) angeregt wird, so ist ein Photon (mit dem Impuls $\hbar\mathbf{k}$ oder $-\hbar\mathbf{k}$) vorhanden. Nimm an, ψ_0 sei der Zustandsvektor des Vakuums. Zeige, daß $[\dot{\mathfrak{q}}(\mathbf{k}) - ick\mathfrak{q}(\mathbf{k})]\psi_0$ der nicht-normierte Zustandsvektor eines Photons ist und finde den entsprechenden normierten Zustandsvektor, wobei ψ_0 schon als normiert angenommen sei.

4. Allgemeine Ergebnisse

Bei unserer Untersuchung des harmonischen Oszillators ergaben sich einige Fragen, die ausführlicher diskutiert zu werden verdienen. Wir wollen nun auf diese Fragen etwas allgemeiner eingehen.

4.1 Zeitabhängigkeit von Operatoren

In den Formeln für A und A^* des Abschnittes 3.1 war die Zeitabhängigkeit der Matrizen auf die Faktoren α und α^* beschränkt. Bei komplizierteren Problemen ist die Zeitabhängigkeit der Matrizen jedoch nicht so einfach. Wir werden zeigen, wie die Heisenbergsche Gleichung

$$\mathrm{i}\hbar \frac{dL}{dt} = LH - HL$$

auch in diesen Fällen zu erfüllen ist. Zunächst bemerken wir, daß diese Gleichung erfüllt wird durch

$$L = \exp(\mathrm{i} H t/\hbar)\, L_0 \exp(-\mathrm{i} H t/\hbar)\,,$$

wobei L_0 der Wert von L zur Anfangszeit $t = 0$ ist. Führt man also die kanonische Transformation

$$q \to q_0 = U q U^*$$
$$p \to p_0 = U p U^*$$

aus mit $U = \exp(-\mathrm{i}Ht/\hbar)$, so werden die Koordinaten und Impulse zeitunabhängig. Andererseits wird ein Vektor $\psi \to \psi_0 = U\psi$ zeitabhängig. Diese Transformation führt uns auf die sogenannte „Schrödingerdarstellung".

Zum Auffinden von Matrixdarstellungen ist es gewöhnlich günstig, zunächst die zeitunabhängigen Matrizen für q_0, p_0 etc. zu bestimmen, und danach mit den bekannten Relationen zwischen q und q_0, p und p_0 etc. die zeitabhängigen Matrizen zu berechnen. In einer Darstellung, in der die Energie diagonal ist, geht das besonders einfach. Sind nämlich $\psi^{(j)}$ und $\psi^{(k)}$ normierte Eigenvektoren von H und $E^{(j)}$ und $E^{(k)}$ die zugehörigen Eigenwerte, so gilt

$$\begin{aligned} L_{jk} &= \psi^{(j)*} L \psi^{(k)} \\ &= \psi^{(j)*} \exp(-\mathrm{i}Ht/\hbar)\, L_0 \exp(\mathrm{i}Ht/\hbar)\, \psi^{(k)} \\ &= \exp\{-\mathrm{i}(E^{(j)} - E^{(k)})\, t/\hbar\}\, (L_0)_{jk}\,. \end{aligned}$$

Das ist im wesentlichen eine Umkehrung der Argumentation, die zur Heisenbergschen Gleichung führt.

4.2 Bestimmung der Eigenwerte

Die Methode, mit deren Hilfe die Eigenwerte des Operators $\frac{1}{2}(Q^2 + P^2)$ in Abschnitt 3.2 bestimmt wurden, ist allgemeiner Natur. Sie kann auf jeden hermiteschen Operator angewandt werden, dessen Eigenwerte nach unten beschränkt sind.

Nehmen wir an, wir wollen die Eigenwerte des Operators A berechnen. Wir schreiben $A_1 = A$ und faktorisieren A_1 in der Form

$$A_1 = \theta_1^* \theta_1 + a^{(1)},$$

wobei $a^{(1)}$ eine Zahl ist. Ist dies in mehrfacher Weise möglich, so wählen wir diejenige Lösung, die den größten Wert von $a^{(1)}$ liefert. Danach definieren wir

$$A_2 = \theta_1 \theta_1^* + a^{(1)}$$

und versuchen, A_2 so zu faktorisieren

$$A_2 = \theta_2^* \theta_2 + a^{(2)},$$

daß $a^{(2)}$ den größten Wert erhält. Offensichtlich ist $a^{(2)} \geqq a^{(1)}$.

Dieser Prozeß wird fortgesetzt. A_{j+1} ist rekursiv definiert durch

$$A_{j+1} = \theta_j \theta_j^* + a^{(j)}$$

und θ_j sowie $a^{(j)}$ durch die Gleichung

$$A_j = \theta_j^* \theta_j + a^{(j)}.$$

Wir zeigen nun, daß $a^{(j)}$ der j-te Eigenwert von A ist. Dabei ist angenommen, daß die Eigenwerte nach zunehmender Größe geordnet sind.

Sei ψ ein normierter Eigenvektor von A und a der zugehörige Eigenwert. Setzen wir

$$\phi^{(n)} = \theta_n \theta_{n-1} \ldots \theta_2 \theta_1 \psi,$$

dann ist

$$\begin{aligned} \phi^{(1)*}\phi^{(1)} &= \psi^* \theta_1^* \theta_1 \psi \\ &= \psi^* (A_1 - a^{(1)}) \psi \\ &= (a - a^{(1)}), \end{aligned}$$

da $A_1 \psi = a\psi$ ist und $\psi^* \psi = 1$. Da $\phi^{(1)*}\phi^{(1)} \geqq 0$ folgt $a \geqq a^{(1)}$; also gibt es keinen Eigenwert, der kleiner ist als $a^{(1)}$.

Wir merken noch an, daß

$$\begin{aligned} A_{j+1} \theta_j &= (\theta_j \theta_j^* + a^{(j)}) \theta_j \\ &= \theta_j (\theta_j^* \theta_j + a^{(j)}) \\ &= \theta_j A_j, \end{aligned}$$

so daß z. B. gilt

$$\begin{aligned} \phi^{(2)*}\phi^{(2)} &= \psi^* \theta_1^* \theta_2^* \theta_2 \theta_1 \psi \\ &= \psi^* \theta_1^* (A_2 - a^{(2)}) \theta_1 \psi \\ &= \psi^* \theta_1^* \theta_1 (A_1 - a^{(2)}) \psi \\ &= (a - a^{(2)}) \phi^{(1)*}\phi^{(1)}. \\ &= (a - a^{(2)})(a - a^{(1)}) \end{aligned}$$

und damit $(a - a^{(2)})\,(a - a^{(1)}) \geqq 0$. Daher ist $a \geqq a^{(2)}$, außer wenn $a = a^{(1)}$. Analog erhalten wir

$$\begin{aligned}\phi^{(n)*}\phi^{(n)} &= \psi^*\,\theta_1^*\ldots\theta_{n-1}^*\,\theta_n^*\,\theta_n\,\theta_{n-1}\ldots\theta_1\,\psi\\ &= \psi^*\,\theta_1^*\ldots\theta_{n-1}^*\,(A_n - a^{(n)})\,\theta_{n-1}\ldots\theta_1\psi\\ &= \psi^*\,\theta_1^*\ldots\theta_{n-1}^*\,\theta_{n-1}\ldots\theta_1\,(A_1 - a^{(n)})\,\psi\\ &= (a - a^{(n)})\,\phi^{(n-1)*}\phi^{(n-1)}\,.\end{aligned}$$

Also

$$\boxed{(a - a^{(n)})\,(a - a^{(n-1)})\ldots(a - a^{(1)}) \geqq 0\,.}$$

Aus diesem Ergebnis folgern wir, daß entweder $a \geqq a^{(n)}$ ist oder $(a - a^{(n-1)})\ldots(a - a^{(1)}) = 0$. Die Eigenwerte a müssen also einen der Werte $a^{(1)}, a^{(2)}, \ldots a^{(n)}$ annehmen oder größer als irgendein beliebiger von ihnen sein. Da dies für alle n gilt und $a^{(j+1)} \geqq a^{(j)}$ ist, muß a einen der Werte $a^{(j)}$ annehmen, wenn die Folge der Werte $a^{(1)}$, $a^{(2)}, \ldots$ unbeschränkt ist. Ist die Folge $a^{(1)}, a^{(2)}, \ldots$ beschränkt mit der oberen Schranke $a^{(\max)}$, so kann a einen der Werte $a^{(j)}$ annehmen, oder einen Wert, der nicht kleiner ist als $a^{(\max)}$, sonst aber keiner Bedingung unterliegt. In beiden Fällen sind die Eigenwerte von A vollständig bestimmt.

Das obige Verfahren ist häufig auch zur Bestimmung der Eigenvektoren geeignet. Nehmen wir an, ψ sei der Eigenvektor zum Eigenwert $a^{(j)}$; weiterhin sei $\phi^{(j-1)*}\,\phi^{(j-1)} > 0$ aber $\phi^{(j)*}\,\phi^{(j)} = 0$, so daß $\phi^{(j)} = \theta_j\phi^{(j-1)} = 0$. Dann gilt

$$(A_j - a^{(j)})\,\phi^{(j-1)} = \theta_j^*\,\theta_j\phi^{(j-1)} = 0\,.$$

Diese Gleichung besagt, daß $\phi^{(j-1)}$ ein Eigenvektor von A_j ist und $a^{(j)}$ der zugehörige Eigenwert. Setzen wir daher

$$\boxed{\psi^{(j)} = \theta_1^*\,\theta_2^*\ldots\theta_{j-1}^*\phi^{(j-1)}\,,}$$

und benutzen wir die Beziehung $A_j\theta_j^* = \theta_j^* A_{j+1}$, so erhalten wir

$$\begin{aligned}A\,\psi^{(j)} &= \theta_1^*\,\theta_2^*\ldots\theta_{j-1}^*\,A_j\phi^{(j-1)}\\ &= a^{(j)}\,\psi^{(j)}\,.\end{aligned}$$

Dies Ergebnis zeigt, daß die obige Formel für $\psi^{(j)}$ den Eigenvektor von A zum Eigenwert $a^{(j)}$ liefert, falls der Vektor $\phi^{(j-1)}$, der die Beziehung $\theta_j\phi^{(j-1)} = 0$ erfüllt, bekannt ist.

Bei der Anwendung der obigen Methode auf den harmonischen Oszillator war $\theta_j = (Q + i\,P)/2$ für alle j.

4.3 Herleitung der Schrödingerschen Gleichung

Wir wollen die Eigenwerte der Energie H für ein Teilchen in einem Feld mit dem Potential $V(q)$ bestimmen:

$$H = p^2/(2\,m) + V(q)$$

Es sei

$$A = 2mH = p^2 + 2mV(q).$$

Den niedrigsten Eigenwert $a^{(1)}$ von A erhalten wir, indem wir A in der faktorisierten Form

$$A = [p - if(q)]\,[p + if(q)] + a^{(1)}$$

schreiben, wobei $a^{(1)}$ den größten Wert annehmen soll. Vergleichen wir die beiden Formeln für A, so sehen wir, daß sie äquivalent sind, wenn

$$\begin{aligned} 2mV(q) &= [f(q)]^2 - \mathrm{i}[f(q)\,p - p\,f(q)] + a^{(1)} \\ &= [f(q)]^2 + \hbar f'(q) + a^{(1)}, \end{aligned}$$

ist. Dabei bedeutet f' die Ableitung von f.

Sei $f = \hbar\Psi'/\Psi$, so daß $f' = \hbar\Psi''/\Psi - \hbar(\Psi'/\Psi)^2$ ist. Dann geht die obige Relation über in die Gleichung

$$2mV = \hbar^2\Psi''/\Psi + a^{(1)}, \text{ i.e.,}$$

$$(-\hbar^2\Psi'' + 2mV\Psi) = a^{(1)}\Psi,$$

Sie ist die Schrödingersche Gleichung desselben Problems. In der Schrödingerschen Theorie tritt der Eigenwert $a^{(1)}$ immer als Eigenwert eines Differentialoperators auf.

Der mit der Wellenmechanik vertraute Leser weiß jedoch, daß die Schrödingersche Gleichung allein zur Bestimmung der Eigenwerte nicht ausreicht. Oftmals wird zusätzlich gefordert, daß ψ als Funktion der Koordinaten endlich, stetig und eindeutig sein soll. Diese Bedingungen sind jedoch zu einschneidend. Sie sind zwar hinreichend, aber nicht notwendig und schließen daher manchmal zulässige Eigenwerte aus. Notwendig und hinreichend ist die Bedingung, daß das Betragsquadrat $|\psi|^2$ als Funktion der Koordinaten eindeutig und integrierbar ist. Diese Bedingung wollen wir die *schwache* Bedingung zur Bestimmung der Eigenwerte der Schrödingerschen Gleichung nennen.

Nicht die starke, sondern die schwache Bedingung der Wellenmechanik wird implizit in der Matrizenmechanik verwendet; denn in der Matrizenmechanik fordert man, daß die Länge $\psi^*\psi$ eines beliebigen Vektors ψ endlich sein soll. Die Schrödingersche Gleichung folgt aus der Gleichung

$$(p^2 + 2mV)\,\psi = a^{(1)}\psi,$$

indem man für ψ die Darstellung im Funktionenraum $\psi = \Psi(q)$ und für den Impuls p die entsprechende Darstellung $p = -i\hbar(d/dq)$ verwendet. In dieser Darstellung ist

$$\psi^*\psi = \int |\Psi|^2\,dq,$$

so daß das Integral existiert, falls $\psi\psi^*$ endlich ist.

Übung 12. Man bestimme die Eigenwerte des Operators $A = p^2 + 2cq^{-1}$, indem man $\theta_k = p + i(a_k + b_k q^{-1})$ setzt mit reellen a_k und b_k. (Antwort: $a^{(j)} = -(c/j\hbar)^2$ für ganzzahliges j oder $a \geqq 0$.) Man diskutiere die Anwendung dieses Ergebnisses auf die Energieniveaus des Wasserstoffatoms unter der Annahme, daß der Impuls und der Drehimpuls des Atoms Null sind.

4.4 Das Heisenbergsche Unbestimmtheitsprinzip

Wie wir im Abschnitt 3.3 gesehen haben genügt im Grundzustand eines Oszillators das Produkt der Wurzeln aus dem mittleren Schwankungsquadrat der Koordinate Δq und des Impulses Δp der Beziehung $\Delta p \Delta q = \hbar/2$. Wir wollen nun zeigen, daß eine *beliebige* Koordinate q und ihr konjugierter Impuls p stets die Ungleichung $\Delta p \Delta q \geqq \hbar/2$ erfüllen.

ψ sei ein normierter Vektor. Die Mittelwerte von q und p im Zustand ψ sind

$$\langle q \rangle = \psi^* q \psi, \quad \langle p \rangle = \psi^* p \psi,$$

und die mittleren Schwankungsquadrate der Koordinate und des Impulses

$$(\Delta q)^2 = \psi^* (q - \langle q \rangle)^2 \psi$$
$$(\Delta p)^2 = \psi^* (p - \langle p \rangle)^2 \psi .$$

Sei

$$B = q - \langle q \rangle + \mathrm{i} c (p - \langle p \rangle),$$

wobei c reell ist. Dann gilt

$$\begin{aligned}(B\psi)^* (B\psi) &= \psi^* B^* B \psi \\ &= \psi^* [(q - \langle q \rangle)^2 + c^2 (p - \langle p \rangle)^2 + \mathrm{i} c (qp - pq)] \psi \\ &= (\Delta q)^2 + c^2 (\Delta p)^2 - c\hbar .\end{aligned}$$

Da aber $(B\psi)^* (B\psi) \geqq 0$ ist, folgt (indem man $c > 0$ annimmt)

$$c^{-1} (\Delta q)^2 + c (\Delta p)^2 \geqq \hbar .$$

Variiert man c bei festem Δq und Δp, so nimmt die linke Seite dieser Ungleichung ihr Minimum an, wenn c der Gleichung genügt

$$-c^{-2} (\Delta q)^2 + (\Delta p)^2 = 0$$

d. h., wenn $c = \Delta q / \Delta p$ ist. Für diesen Wert von c geht die Ungleichung über in

$$2 \Delta q \Delta p \geqq \hbar, \quad \text{d. h.} \quad \Delta q \Delta p \geqq \hbar/2 .$$

Im Grundzustand des Oszillators hat also $\Delta q \Delta p$ ein absolutes Minimum.

Obige Ungleichung wurde von HEISENBERG entdeckt. Sie zeigt, daß die Unbestimmtheit Δp des Impulses in dem Maße zunehmen muß, wie die Unbestimmtheit Δq der Koordinate abnimmt, und umgekehrt. Ist die Quantenmechanik richtig, so besteht also keine Hoffnung, bei gleichzeitiger Messung zweier kanonisch konjugierter Observablen q und p diese Genauigkeitsgrenzen zu unterbieten.

4.5 Äußere und Innere Freiheitsgrade

Wir erwähnten in 3.4(1), daß die Energie eines zweiatomigen Moleküls, wie in der klassischen Mechanik, in die Energie der Translation, der Rotation und der Schwingung aufgespalten werden kann. Wir werden nun im Detail zeigen, wie das geschieht.

Nehmen wir an, die Energie sei ausgedrückt in der Form

$$H = \frac{p_1^2}{2m_1} + \frac{p_2^2}{2m_2} + V(r)$$

mit $r = (\mathbf{q}^2)^{1/2}$ und $\mathbf{q} = \mathbf{q}_1 - \mathbf{q}_2$. Um die Translationsenergie abzuspalten, führen wir die Variablen

$$\mathbf{P} = \mathbf{p}_1 + \mathbf{p}_2\,, \quad M = m_1 + m_2\,,$$
$$\mathbf{p} = (m_2\mathbf{p}_1 - m_1\mathbf{p}_2)/(m_1 + m_2)\,, \quad m = m_1 m_2/(m_1 + m_2)\,,$$

ein, wobei m die *reduzierte* Masse ist. Dann ist

$$\mathbf{p}_1^2/(2m_1) + \mathbf{p}_2^2/(2m_2) = \mathbf{P}^2/(2M) + \mathbf{p}^2/(2m)\,,$$

wobei $\mathbf{P}^2/(2M)$ offensichtlich die mit H_{Trans} bezeichnete Translationsenergie ist. Da $\mathbf{P}$ mit $\mathbf{p}$ und $\mathbf{q}$ mit r kommutiert, kann der Term $\mathbf{P}^2/(2M)$ im Hamiltonschen Operator wie eine gewöhnliche Zahl behandelt werden. Seine Eigenwerte sind offensichtlich positiv, sonst aber beliebig.

Der Term $\mathbf{p}^2/(2m)$ stellt offensichtlich die kinetische Energie der inneren Freiheitsgrade dar. Er muß noch in die Rotationsenergie und die Schwingungsenergie aufgespalten werden. Dazu bemerken wir zunächst, daß

$$q_\alpha p_\beta - p_\beta q_\alpha = \frac{[m_2(q_{1\alpha}p_{1\beta} - p_{1\beta}q_{1\alpha}) + m_1(q_{2\alpha}p_{2\beta} - p_{2\beta}q_{2\alpha})]}{(m_1 + m_2)}$$
$$= \mathrm{i}\hbar\,\delta_{\alpha\beta}$$

ist, so daß $\mathbf{q}$ und $\mathbf{p}$ kanonisch konjugiert sind, wie schon in der Bezeichnung ausgedrückt. Der zu r konjugierte Impuls p_r wird durch die Beziehung

$$r\,p_r = \mathbf{q}\cdot\mathbf{p} - \mathrm{i}\hbar \tag{4.1}$$

definiert.

Der Term $-\mathrm{i}\hbar$ in Gl. (4.1) wurde zugefügt, um p_r hermitesch zu machen.

Übung 13. Beweise die folgenden Relationen

(a) $\mathbf{q}\cdot\mathbf{p}-\mathbf{p}\cdot\mathbf{q}=3\mathrm{i}\hbar$;

(b) $(q^2)^{-1}\mathbf{p}-\mathbf{p}(q^2)^{-1}=-2\mathrm{i}\hbar\mathbf{q}/(q^2)^2$;

(c) $\mathbf{q}\times\mathbf{p}+\mathbf{p}\times\mathbf{q}=0$;

(d) $\mathbf{q}^2\mathbf{p}=\mathbf{q}\mathbf{q}\cdot\mathbf{p}-\mathbf{q}\times(\mathbf{q}\times\mathbf{p})$.

Wir müssen beweisen, daß (1) $rp_r-p_rr=\mathrm{i}\hbar$ und (2) $p_r^*=p_r$ ist. Die erste Gleichung folgt direkt aus (4.1):

$$r p_r - p_r r = r^{-1}(r\mathbf{q}\cdot\mathbf{p}-\mathbf{q}\cdot\mathbf{p}r)=\mathrm{i}\hbar\,,$$

da $r\mathbf{p}-\mathbf{p}r=\mathrm{i}\hbar q/r$ ist. Um die zweite Gleichung zu beweisen, nehmen wir die zu (4.1) hermitesch konjugierte Gleichung und benutzen die Formel $(AB)^*=B^*A^*$. Dann erhalten wir

$$p_r^*r=\mathbf{p}\cdot\mathbf{q}+\mathrm{i}\hbar=(\mathbf{q}\cdot\mathbf{p}-3\mathrm{i}\hbar)+\mathrm{i}\hbar=rp_r-\mathrm{i}\hbar=p_rr\,.$$

Schließlich wollen wir noch zeigen, daß

$$\mathbf{p}^2=\mathbf{p}_r^2+r^{-2}\mathbf{L}^2 \tag{4.2}$$

ist, wobei $\mathbf{L}=\mathbf{q}\times\mathbf{p}$ den Drehimpuls in bezug auf den Schwerpunkt bezeichnet. Zu diesem Zweck spalten wir $\mathbf{p}$ in die zu $\mathbf{q}$ parallelen und senkrechten Komponenten auf, wozu wir die Vektorformel

$$\mathbf{p}=(\mathbf{q}^2)^{-1}[\mathbf{q}\mathbf{q}\cdot\mathbf{p}-\mathbf{q}\times(\mathbf{q}\times\mathbf{p})]$$

benutzen. Diese multiplizieren wir skalar mit $\mathbf{p}$ von links

$$\mathbf{p}^2=\mathbf{p}\cdot\{(q^2)^{-1}[\mathbf{q}\mathbf{q}\cdot\mathbf{p}-\mathbf{q}\times(\mathbf{q}\times\mathbf{p})]\}\,.$$

Mit

$$\mathbf{p}(q^2)^{-1}=(q^2)^{-1}(\mathbf{p}+2\mathrm{i}\hbar\mathbf{q}/q^2)\,,$$

folgt

$$\begin{aligned}\mathbf{p}^2&=(q^2)^{-1}[\mathbf{p}\cdot\mathbf{q}\mathbf{q}\cdot\mathbf{p}+2\mathrm{i}\hbar\mathbf{q}\cdot\mathbf{p}-(\mathbf{p}\times\mathbf{q})\cdot(\mathbf{q}\times\mathbf{p})]\\&=r^{-2}[(\mathbf{q}\cdot\mathbf{p}-\mathrm{i}\hbar)\mathbf{q}\cdot\mathbf{p}+\mathbf{L}^2]\,,\end{aligned}$$

da $\mathbf{p}\times\mathbf{q}=-\mathbf{q}\times\mathbf{p}$. Ferner gilt

$$\begin{aligned}r^{-2}(\mathbf{q}\cdot\mathbf{p}-\mathrm{i}\hbar)\mathbf{q}\cdot\mathbf{p}&=r^{-1}p_r(rp_r+\mathrm{i}\hbar)\\&=r^{-1}(rp_r-\mathrm{i}\hbar)p_r+\mathrm{i}\hbar r^{-1}p_r\\&=p_r^2\,.\end{aligned}$$

Damit ist Gl. (4.2) verifiziert. Der Ausdruck $r^{-2}\mathbf{L}^2/(2m)$ ist offensichtlich die Rotationsenergie H_{Rot}. Wir haben daher die Energie auf die Form

$$H=H_{\mathrm{Trans}}+H_{\mathrm{Rot}}+p_r^2/(2m)+V(r)$$

gebracht, die wir in 3.4 vorausgesetzt hatten.

4.6 Eigenwerte der Drehimpulse

Das in 4.5 bewiesene Resultat liefert, zusammen mit der Bestimmung der Eigenwerte von

$$H = \mathbf{p}^2/(2m) + c\,\mathbf{r}^2$$

nach der Methode von 3.4, ein indirektes aber einfaches Mittel zur Gewinnung der Eigenwerte von $\mathbf{L}^2$. Es sei

$$\mathbf{L}^2 \psi^{(k)} = \lambda^{(k)} \psi^{(k)},$$

so daß $\psi^{(k)}$ ein Eigenvektor von $\mathbf{L}^2$ zum Eigenwert $\lambda^{(k)}$ ist. Jede Komponente von $\mathbf{L} = \mathbf{q} \times \mathbf{p}$ kommutiert mit $\mathbf{r}^2$, $\mathbf{p}^2$ und daher auch mit p_r^2. Also kommutiert $\mathbf{L}^2$ mit H. $\psi^{(k)}$ kann daher als Linearkombination gemeinsamer Eigenvektoren $\psi^{(jk)}$ von H und $\mathbf{L}^2$ dargestellt werden:

$$\psi^{(k)} = \sum_j c_j \psi^{(jk)}$$

wobei die $\psi^{(jk)}$ den Eigenwertgleichungen genügen mögen

$$\mathbf{L}^2 \psi^{(jk)} = \lambda^{(k)} \psi^{(jk)}$$

und

$$\begin{aligned} 2mH\psi^{(jk)} &= (p_r^2 + r^{-2}\mathbf{L}^2 + 2mcr^2)\,\psi^{(jk)} \\ &= (p_r^2 + \lambda^{(k)} r^{-2} + 2mcr^2)\,\psi^{(jk)} \\ &= a^{(j)}\,\psi^{(jk)}. \end{aligned}$$

Nun sind die Eigenwerte von H schon aus 3.4 bekannt; sie lauten

$$[(j_1 - \tfrac{1}{2}) + (j_2 - \tfrac{1}{2}) + (j_3 - \tfrac{1}{2})]\,\hbar \left(\frac{2c}{m}\right)^{\frac{1}{2}}.$$

Daher ist

$$\begin{aligned} a^{(j)} &= 2m(l^{(j)} + \tfrac{3}{2})\,\hbar\,(2c/m)^{\frac{1}{2}} \\ &= (2l^{(j)} + 3)\,(2mc)^{\frac{1}{2}}\,\hbar. \end{aligned}$$

Dabei nimmt $l^{(j)} = j_1 + j_2 + j_3 - 3$ die Werte 0, 1, 2, ... an. Setzen wir

$$\theta_1 = p_r + i k r^{-1} - \mathrm{i}(2mc)^{\frac{1}{2}} r,$$

so finden wir

$$\begin{aligned} \theta_1^* \theta_1 &= p_r^2 + [k r^{-1} - (2mc)^{\frac{1}{2}} r]^2 - k\hbar r^{-2} - (2mc)^{\frac{1}{2}}\hbar \\ &= 2mH - a^{(1)}, \end{aligned}$$

vorausgesetzt, es ist

$$\begin{aligned} k(k - \hbar) &= \lambda^{(k)}, \\ a^{(1)} &= (2mc)^{\frac{1}{2}}\,(2k + \hbar) \\ &= (2mc)^{\frac{1}{2}}\,(2l^{(1)} + 3)\,\hbar. \end{aligned}$$

Also ist

$$k = (l^{(1)} + 1)\hbar\,,$$
$$\lambda^{(k)} = l^{(1)}(l^{(1)} + 1)\hbar^2\,.$$

Die Eigenwerte von $\mathbf{L}^2$ haben daher die Form $l(l+1)\hbar^2$ mit $l = 0, 1, 2, \ldots$.

Dieses Ergebnis werden wir im nächsten Kapitel auf einem direkteren Weg bestätigen.

Beispiele IV

1. Für ein beliebiges Paar A, B hermitescher Operatoren sei

$$\langle A\rangle = \psi^* A\psi\,, \qquad \langle B\rangle = \psi^* B\psi\,,$$
$$\Delta A = [\psi^*(A - \langle A\rangle)^2\psi]^{\frac{1}{2}}\,, \quad \Delta B = [\psi^*(B - \langle B\rangle)^2\psi]^{\frac{1}{2}}$$

und

$$C = -\mathrm{i}(AB - BA)\,.$$

Ferner sei

$$\phi = [A - \langle A\rangle + \mathrm{i}\alpha(B - \langle B\rangle)]\psi,$$

wobei α eine Konstante ist. Man zeige, daß

$$\phi^*\phi = (\Delta A)^2 + \alpha^2(\Delta B)^2 - \alpha\langle C\rangle$$

und folgere daraus

$$(\Delta A\,\Delta B)^2 \geqq \tfrac{1}{4}(\langle C\rangle)^2\,.$$

Man zeige ferner, daß $\phi = 0$, und

$$[(\Delta B/\Delta A)(A - \langle A\rangle)^2 + (\Delta A/\Delta B)(B - \langle B\rangle)^2]\psi = C\psi\,,$$

falls $\Delta A\,\Delta B = \frac{1}{2}\langle C\rangle > 0$ ist. Zeige schließlich, daß $\Delta q\Delta p$ seinen minimalen Wert *nur* für einen Zustandsvektor ψ des harmonischen Oszillators annimmt.

2. Sind $\mathbf{A}, \mathbf{B}, \mathbf{C}$ beliebige räumliche Vektoren und $\mathbf{B}\times\mathbf{C}$ der räumliche Vektoroperator mit den Komponenten

$$(\mathbf{B}\times\mathbf{C})_1 = B_2C_3 - B_3C_2\,,$$
$$(\mathbf{B}\times\mathbf{C})_2 = B_3C_1 - B_1C_3\,,$$
$$(\mathbf{B}\times\mathbf{C})_3 = B_1C_2 - B_2C_1\,,$$

so ist zu zeigen, daß

$$\mathbf{A}\cdot(\mathbf{B}\times\mathbf{C}) = (\mathbf{A}\times\mathbf{B})\cdot\mathbf{C}$$

und

$$\mathbf{A}\times(\mathbf{B}\times\mathbf{C}) = \sum_\alpha A_\alpha\mathbf{B}C_\alpha - \mathbf{A}\cdot\mathbf{B}\mathbf{C}\,,$$

d. h.

$$[\mathbf{A}\times(\mathbf{B}\times\mathbf{C})]_\beta = \sum_\alpha (A_\alpha B_\beta C_\alpha - A_\alpha B_\beta C_\alpha)\,.$$

Zeige ferner, daß

$$\mathbf{p} \times (\mathbf{q} \times \mathbf{p}) = \mathrm{i}\hbar\,\mathbf{p} + \mathbf{q}\,\mathbf{p}^2 - \mathbf{p}\,\mathbf{q}\cdot\mathbf{p}$$
$$(\mathbf{q} \times \mathbf{p})^2 = \mathbf{q}^2\,\mathbf{p}^2 - \mathbf{q}\cdot\mathbf{p}\,(\mathbf{q}\cdot\mathbf{p} - \mathrm{i}\hbar)\,.$$

3. Beweise, daß das Produkt $(\mathbf{q} \times \mathbf{p})^2$ mit $\mathbf{q}^2$ und $\mathbf{p}^2$ kommutiert. Es sei $q^2 = \mathbf{q}^2$ und $p = \mathbf{q}^{-1}(\mathbf{q}\cdot\mathbf{p} - \mathrm{i}\hbar)$; zeige, daß $p = (\mathbf{p}\cdot\mathbf{q} + \mathrm{i}\hbar)\,q^{-1}$, so daß $p^* = p$, $qp - pq = \mathrm{i}\hbar$ und $q^2p^2 = \mathbf{q}\cdot\mathbf{p}(\mathbf{q}\cdot\mathbf{p} - \hbar\mathrm{i})$ ist. Mit Hilfe des Ergebnisses aus 2. beweise, daß

$$q^{-2}(\mathbf{q} \times \mathbf{p})^2 = \mathbf{p}^2 - p^2\,.$$

Daraus folgere man $\mathbf{p}^2\psi = p^2\psi$ für einen Zustand ψ, in dem der Drehimpuls gleich Null ist, d. h. $(\mathbf{q} \times \mathbf{p})\psi = 0$.

4. Es sei $A = p^2 - 2k\hbar q^{-1}$ und k eine positive Konstante, wobei $qp - pq = \mathrm{i}\hbar$ ist. Zeige, daß

$$A = \theta_1^*\theta_1 - k^2$$

und

$$\theta_1\theta_1^* - k^2 = A + 2\hbar^2 q^{-2}$$

für

$$\theta_1 = p + \mathrm{i}\hbar q^{-1} - \mathrm{i}k\,.$$

Mit

$$A_n = A + n(n+1)\hbar^2 q^{-2} \quad \text{und}$$
$$\theta_n = p + \mathrm{i}\hbar n q^{-1} - \mathrm{i}k/n$$

zeige, daß

$$\theta_n\theta_n^* - k^2/n^2 = A_n = \theta_{n+1}^*\theta_{n+1} - k^2/(n+1)^2\,,$$

und $A_n\theta_n = \theta_n A_{n-1}$, sowie $A_1\theta_1 = \theta_1 A$ gilt.

5. Unter Verwendung der Bezeichnung von 4 zeige, daß, wenn ψ ein Eigenvektor von A und $\phi_n = \theta_n\theta_{n-1}\ldots\theta_2\theta_1\psi$ ist, die Beziehung gilt $\phi_n^*\phi_n = \psi^*(A + k^2)\,(A + k^2/4)\ldots(A + k^2/n^2)\psi$. Ist nun ψ ein normierter Eigenvektor von A zum Eigenwert a, so folgere

$$\phi_n^*\phi_n = (a + k^2)\,(a + k^2/4)\ldots(a + k^2/n^2)\,.$$

Aus der Tatsache, daß dieser Ausdruck positiv sein muß, leite ab, daß die einzigen negativen Eigenwerte von A: $-k^2$, $-k^2/4$, …, $-k^2/n^2$, … sind.

6. Die Gesamtenergie H des Wasserstoffatoms ist

$$H = \mathbf{p}_1^2/(2m_1) + \mathbf{p}_2^2/(2m_2) - e^2/(4\pi r)\,,$$

wobei e die Ladung des Elektrons in Heavisideschen Einheiten und $r^2 = (\mathbf{q}_1 - \mathbf{q}_2)^2$ ist. Zeige, daß H in die Form

$$H = (\mathbf{p}_1 + \mathbf{p}_2)^2/[2(m_1 + m_2)] + (\mathbf{r} \times \mathbf{p}_r)^2/(2mr^2) + $$
$$+ p_r^2/(2m)^2 - e^2/(4\pi r)$$

gebracht werden kann. Dabei ist $\mathfrak{p}_r = (m_1\mathfrak{p}_2 - m_2\mathfrak{p}_1)/(m_1 + m_2)$ und $r\mathfrak{p}_r = \mathfrak{r}\cdot\mathfrak{p}_r - i\hbar$. Berechne daraus die Energieniveaus der S-Zustände (Zustände mit Drehimpuls Null). Der Schwerpunkt sei in Ruhe, d. h.

$$(\mathfrak{p}_1 + \mathfrak{p}_2)\,\psi = 0\,.$$

7. Unter Benutzung der Bezeichnungen von 5. zeige, daß $\phi_{n-1} \neq 0$ aber $\theta_n \phi_{n-1} = 0$ ist für $a = -k^2/n^2$. Ist $A\psi_0 = -k^2\psi_0$ und $\psi_0^*\psi_0 = 1$, so zeige, daß $\theta_1\psi_0 = 0$. Berechne $\psi_0^*(q\theta_1 - \theta_1^* q)\,\psi_0$, $\psi_0^*(q^2\theta_1 - \theta_1^* q^2)\,\psi_0, \ldots \psi_0^*(q^n\theta_1 - \theta_1^* q^n)\,\psi_0$ und beweise damit die Beziehungen

$$\langle q\rangle_0 = \psi_0^* q\,\psi_0 = 3\hbar/(2k)\,, \quad \langle q^2\rangle_0 = 12\,[\hbar/(2k)]^2, \ldots,$$
$$\langle q^n\rangle_0 = \tfrac{1}{2}\,(n+2)!\,[\hbar/(2k)]^n\,.$$

8. Mit den Bezeichnungen von 7. berechne $\psi_0^*(\theta_1 - \theta_1^*)\,\psi_0$. Zeige mit Hilfe dieses Ergebnisses, daß $\langle q^{-1}\rangle_0 = \psi_0^* q^{-1}\psi_0 = k/\hbar$ ist. Beweise ferner $\langle p\rangle_0 = 0$ und $\langle p^2\rangle_0 = k^2$. Wenn

$$\Delta p = [\langle (p - \langle p\rangle_0)^2\rangle_0]^{\frac{1}{2}} \quad \text{und} \quad \Delta q = [\langle (q - \langle q\rangle_0)^2\rangle_0]^{\frac{1}{2}}\,,$$

zeige, daß $\Delta p\,\Delta q = \sqrt{3}\,\hbar/2$.

9. Es sei $A = p^2 - a^2 \exp(-bq/\hbar)$ und $qp - pq = i\hbar$, wobei a und b positive Konstanten sind. Zeige, daß

$$A = \theta_1^*\theta_1 - b^2/16$$

ist für $u = \exp(-\frac{1}{2}bq/\hbar)$ und $\theta_1 = p - iau\cot(2au/b) + \frac{1}{4}ib$. Untersuche die Eigenwerte von A unter der Annahme, daß $2a = \pi b$.

10. Die potentielle Energie $V(r)$ zwischen einem Proton und einem Neutron im Deuteron kann durch die Formel

$$V(r) = -V\exp(-\tfrac{1}{2}br/\hbar)$$

wiedergegeben werden. Berechne die Bindungsenergie des Deuterons für einen reinen S-Grundzustand, d. h. für einen Zustand, in dem der Bahndrehimpuls Null ist.

5. Der Drehimpuls

Der Drehimpuls eines beliebigen Systems ist eine Konstante der Bewegung, wenn das System keinen äußeren Kräften unterworfen ist. Er ist daher gleichzeitig mit der Gesamtenergie meßbar. Wir werden jedoch sehen, daß es unmöglich ist, die drei Komponenten des Drehimpulses gleichzeitig zu messen; lediglich eine Komponente und der Betrag des Drehimpulses können gleichzeitig festgelegt werden.

Schon vor der Quantenmechanik hatte BOHR entdeckt, daß die Atomspektren nur erklärt werden können, wenn die Werte des Drehimpulses auf bestimmte ganzzahlige Vielfache des Planckschen Wirkungsquants beschränkt werden. Aber erst die Quantenmechanik lehrte das Verhalten des Drehimpulses eines atomaren Systems vollständig verstehen.

Der Drehimpuls eines Teilchens ist, wie in der klassischen Mechanik, durch den Vektor $\mathbf{L} = \mathbf{q} \times \mathbf{p}$ mit den Komponenten

$$L_1 = q_2 p_3 - q_3 p_2, \quad L_2 = q_3 p_1 - q_1 p_3, \quad L_3 = q_1 p_2 - q_2 p_1$$

definiert. q_1, q_2, q_3 sind die drei Koordinaten des Teilchens und p_1, p_2, p_3 die Komponenten seines Impulses. In der klassischen Mechanik, in der Koordinaten und Geschwindigkeiten gleichzeitig gemessen werden können, legt man diese beiden Größen gewöhnlich in bezug auf einen nichtphysikalischen stationären Koordinatenursprung fest. In der Quantenmechanik ist nun die Vorstellung eines stationären Punktes aufzugeben. Man kann aber q_1, q_2, q_3 als die Relativkoordinaten und p_1, p_2, p_3 als die Komponenten der Relativimpulse zweier Teilchen betrachten. Bewegt sich eines der beiden Teilchen kräftefrei, so kann es sehr wohl als ein geeigneter Koordinatensprung dienen; man hüte sich aber, es als räumlich lokalisiert und gleichzeitig bewegungslos anzusehen.

5.1 Vertauschungsregeln

Die Vertauschungsregeln des Drehimpulses können leicht aus den Formeln

$$q_\alpha q_\beta = q_\beta q_\alpha, \quad p_\alpha p_\beta = p_\beta p_\alpha, \quad q_\alpha p_\beta - p_\beta q_\alpha = \mathrm{i}\hbar\,\delta_{\alpha\beta}$$

abgeleitet werden. Wir führen die übliche, abkürzende Bezeichnung

$$[A, B] = A\,B - B\,A \tag{5.1}$$

ein. Damit lauten die obigen Regeln $[q_\alpha, q_\beta] = [p_\alpha, p_\beta] = 0$ und $[q_\alpha, p_\beta] = \mathrm{i}\hbar\,\delta_{\alpha\beta}$. Wichtig sind die folgenden Identitäten

$$\begin{aligned} [B, A] &= -[A, B], \\ [A, BC] &= [A, B]\,C + B[A, C], \\ [A\,B, C] &= A[B, C] + [A, C]\,B. \end{aligned}$$

Aus der Definition von L_1, L_2 und L_3 folgt dann

$$\begin{aligned} [L_1, L_2] &= [q_2 p_3 - q_3 p_2,\ q_3 p_1 - q_1 p_3] \\ &= q_2 [p_3, q_3]\, p_1 + p_2 [q_3, p_3]\, q_1 \\ &= \mathrm{i}\hbar (q_1 p_2 - q_2 p_1) = \mathrm{i}\hbar\, L_3. \end{aligned}$$

Entsprechend erhält man $[L_2, L_3] = i\hbar L_1$ und $[L_3, L_1] = i\hbar L_2$. In Vektorschreibweise lassen sich diese Relationen folgendermaßen zusammenfassen

$$\mathbf{L} \times \mathbf{L} = i\hbar \mathbf{L} \tag{5.2}$$

(Diese Gleichung zeigt, daß die Vektorregel $\mathbf{L} \times \mathbf{L} = 0$ nicht immer gilt, wenn die Komponenten von $\mathbf{L}$ Operatoren sind.) Daß L_1 und L_2 nicht miteinander vertauschbar sind, bedeutet, daß sie nicht gleichzeitig gemessen werden können. (Eine triviale Ausnahme bildet der Fall, daß der Wert des Drehimpulses Null ist, d. h. $\mathbf{L}^2$ den Eigenwert Null hat; dann haben auch alle Komponenten gleichzeitig den Eigenwert Null.) Wir zeigen nun, daß es stets möglich ist, eine Komponente z. B. L_3 und L^2 gleichzeitig zu messen:

$$\begin{aligned}
[L_3, L_1^2] &= [L_3, L_1]\, L_1 + L_1 [L_3, L_1] \\
&= i\hbar (L_2 L_1 + L_1 L_2) \\
[L_3, L_2^2] &= [L_3, L_2]\, L_2 + L_2 [L_3, L_2] \\
&= -i\hbar (L_1 L_2 + L_2 L_1)\,.
\end{aligned}$$

Addiert man diese beiden Gleichungen und fügt $[L_3, L_3^2] = 0$ hinzu, so erhält man $[L_3, L_1^2 + L_2^2 + L_3^2] = 0$, d. h. $[L_3, \mathbf{L}^2] = 0$. Durch zyklische Vertauschung folgt

$$[L_\alpha, \mathbf{L}^2] = 0 \quad \text{für} \quad \alpha = 1, 2, 3.$$

Als nächstes betrachten wir den Kommutator der L_α mit Funktionen von $\mathbf{q}$ und $\mathbf{p}$. Die Resultate fassen wir in zwei Theoremen zusammen:

Theorem 1. Ist S ein beliebiger Skalar, gebildet aus den Vektoren $\mathbf{q}$ und $\mathbf{p}$, so ist $[L_\alpha, S] = 0$.

Beweis: Jeder aus $\mathbf{q}$ und $\mathbf{p}$ gebildete Skalar ist eine Funktion von $\mathbf{q}^2$, $\mathbf{p}^2$ und $\mathbf{q} \cdot \mathbf{p}$. Gilt das Theorem für diese drei Skalare, so gilt es auch für jeden Skalar, der aus ihnen konstruiert ist. Nun erhält man für $\mathbf{q}^2$

$$\begin{aligned}
&[L_3, q_1] = [q_1 p_2 - q_2 p_1, q_1] = -q_2 [p_1, q_1] = i\hbar q_2\,, \\
&[L_3, q_1^2] = [L_3, q_1]\, q_1 + q_1 [L_3, q_1] = 2 i\hbar q_1 q_2\,, \\
&[L_3, q_2] = [q_1 p_2 - q_2 p_1, q_2] = q_1 [p_2, q_2] = -i\hbar q_1\,, \\
&[L_3, q_2^2] = [L_3, q_2]\, q_2 + q_2 [L_3, q_2] = -2 i\hbar q_1 q_2\,, \\
&[L_3, q_3] = [q_1 p_2 - q_2 p_1, q_3] = 0\,, \\
&[L_3, q_3^2] = 0\,.
\end{aligned}$$

Durch Addition folgt somit $[L_3, \mathbf{q}^2] = 0$ und durch zyklische Vertauschung $[L_\alpha, \mathbf{q}^2] = 0$.

Entsprechendes gilt für $\mathfrak{p}^2$. Zum Beweis gehen wir von der Bemerkung aus, daß sowohl die Vertauschungsregeln als auch die Komponenten des Drehimpulses unverändert bleiben, wenn $\mathfrak{q}$ durch $i\mathfrak{p}$ und $\mathfrak{p}$ durch $i\mathfrak{q}$ ersetzt werden. Nehmen wir diese Ersetzung in obigem Beweis vor, so ergibt sich $[L_\alpha, \mathfrak{p}^2] = 0$. Um schließlich die Vertauschbarkeit von $\mathfrak{p} \cdot \mathfrak{q}$ mit $\mathbf{L}$ zu beweisen, bemerken wir, daß sowohl die Vertauschungsregeln als auch die Komponenten des Drehimpulses unverändert bleiben, wenn wir $\mathfrak{q}$ durch $\frac{1}{2}(\mathfrak{q} + \mathfrak{p})$ und gleichzeitig $\mathfrak{p}$ durch $(\mathfrak{p} - \mathfrak{q})$ ersetzen. Mit dieser Ersetzung liefert der obige Beweis $[L_\alpha, (\mathfrak{q} + \mathfrak{p})^2] = 0$. Da aber $[L_\alpha, \mathfrak{q}^2] = [L_\alpha, \mathfrak{p}^2] = 0$ ist, folgt somit $[L_\alpha, \mathfrak{q} \cdot \mathfrak{p}] = 0$. Dieses Ergebnis erhält man natürlich auch durch direkte Rechnung.

Theorem 2. Ist $\mathbf{A}$ ein beliebiger aus $\mathfrak{q}$ und $\mathfrak{p}$ konstruierter Vektor so gilt:

$$\begin{aligned}
&[L_1, A_1] = [L_2, A_2] = [L_3, A_3] = 0\,,\\
&[L_1, A_2] = [A_1, L_2] = i\hbar A_3\,,\\
&[L_2, A_1] = [A_2, L_1] = -i\hbar A_3\,,\\
&[L_2, A_3] = [A_2, L_3] = i\hbar A_1\,,\\
&[L_3, A_2] = [A_3, L_2] = -i\hbar A_1\,,\\
&[L_3, A_1] = [A_3, L_1] = i\hbar A_2\,,\\
&[L_1, A_3] = [A_1, L_3] = -i\hbar A_2\,.
\end{aligned}$$

Diese Formeln lassen sich zu einer zusammenfassen, wenn man das Symbol $\varepsilon_{\alpha\beta\gamma}$ einführt, das den Wert 0 hat, wenn zwei der Indizes $\alpha\,\beta\,\gamma$ gleich sind, den Wert $+1$ oder -1, wenn $\alpha\,\beta\,\gamma$ eine gerade oder ungerade (zyklische) Permutation der Zahlen 1, 2, 3 bilden. Damit lauten die obigen Formeln

$$[L_\alpha, A_\beta] = -[L_\beta, A_\alpha] = i\hbar \sum_\gamma \varepsilon_{\alpha\beta\gamma} A_\gamma\,.$$

Beweis. Wir zeigen: 1. Das Theorem gilt für $\mathbf{A} = \mathfrak{q}$ und $\mathbf{A} = \mathfrak{p}$, 2. wenn es für $\mathbf{A} = \mathbf{B}$ und $\mathbf{A} = \mathbf{C}$ zutrifft, so ist es ebenfalls für $S_b\mathbf{B} + S_c\mathbf{C}$ richtig, wobei S_b und S_c Skalare sind, 3. wenn es für $\mathbf{A} = \mathbf{B}$ und $\mathbf{A} = \mathbf{C}$ gilt, so trifft es auch für $\mathbf{A} = \mathbf{B} \times \mathbf{C}$ zu.

1. Beim Beweis des Theorems 1 haben wir gezeigt, daß

$$[L_3, q_1] = i\hbar q_2\,, \quad [L_3, q_2] = -i\hbar q_1 \quad \text{und} \quad [L_3, q_3] = 0$$

gilt. Folglich ist $[q_1, L_3] = -i\hbar q$ und $[q_2, L_3] = i\hbar q_1$; somit sind alle Relationen, die L_3 enthalten, richtig, wenn $\mathbf{A} = \mathfrak{q}$ ist. Aus Gründen der zyklischen Symmetrie folgt dasselbe für L_1 und L_2. Da die Vertauschungsrelationen wie auch die Komponenten des Drehimpulses ungeändert bleiben, wenn $\mathfrak{q}$ durch $i\mathfrak{p}$ und $\mathfrak{p}$ durch $i\mathfrak{q}$

ersetzt werden, gilt Theorem 2 auch für $\mathbf{A} = \mathrm{i}\mathbf{p}$ und damit auch für $\mathbf{A} = \mathbf{p}$.

2. Sind S_b und S_c aus $\mathbf{q}$ und $\mathbf{p}$ konstruierte Skalare, so ist

$$[L_\alpha, S_b] = [L_\alpha, S_c] = 0$$

und damit

$$[L_\alpha, S_b\mathbf{B} + S_c\mathbf{C}] = S_b[L_\alpha, \mathbf{B}] + S_c[L_\alpha, \mathbf{C}].$$

Gilt das Theorem 2 also für $\mathbf{A} = \mathbf{B}$ und $\mathbf{A} = \mathbf{C}$, so gilt es auch für $S_b\mathbf{B} + S_c\mathbf{C}$.

3. Nehmen wir wiederum an, das Theorem gelte für $\mathbf{A} = \mathbf{B}$ und $\mathbf{A} = \mathbf{C}$, so erhalten wir

$$\begin{aligned}
[L_3, (\mathbf{B} \times \mathbf{C})_1] &= [L_3, B_2 C_3 - B_3 C_2] \\
&= [L_3, B_2] C_3 - B_3 [L_3, C_2] \\
&= -\mathrm{i}\hbar B_1 C_3 + \mathrm{i}\hbar B_3 C_1 \\
&= \mathrm{i}\hbar (\mathbf{B} \times \mathbf{C})_2, \\
[L_3, (\mathbf{B} \times \mathbf{C})_2] &= [L_3, B_3 C_1 - B_1 C_3] \\
&= B_3 [L_3, C_1] - [L_3, B_1] C_3 \\
&= \mathrm{i}\hbar B_3 C_2 - \mathrm{i}\hbar B_2 C_3 \\
&= -\mathrm{i}\hbar (\mathbf{B} \times \mathbf{C})_1, \\
[L_3, (\mathbf{B} \times \mathbf{C})_3] &= [L_3, B_1 C_2 - B_2 C_1] \\
= (\mathrm{i}\hbar B_2) C_2 + B_1(-\mathrm{i}\hbar C_1) &- (-\mathrm{i}\hbar B_1) C_1 - B_2(\mathrm{i}\hbar C_2) \\
= 0.
\end{aligned}$$

Die noch fehlenden Resultate über $\mathbf{B} \times \mathbf{C}$ erhält man durch Ausnutzung der Relation $[L_3, \mathbf{B} \times \mathbf{C}] = -[\mathbf{B} \times \mathbf{C}, L_3]$ sowie der zyklischen Symmetrie.

Übung 14. Es sei $\mathbf{A}$ ein beliebiger aus $\mathbf{q}$ und $\mathbf{p}$ konstruierter Vektor. Zeige, daß

$$[\mathbf{L}^2, \mathbf{A}] = 2\mathrm{i}\hbar(\mathbf{A} \times \mathbf{L} - \mathrm{i}\hbar\mathbf{A})$$

und daß der Operator $\mathbf{B} = (\mathbf{A} \times \mathbf{L} - \mathrm{i}\hbar\mathbf{A})$ hermitesch ist und die Beziehung

$$[\mathbf{L}^2, \mathbf{B}] = 2\mathrm{i}\hbar(\mathbf{A}\cdot\mathbf{L}\,\mathbf{L} - \mathbf{A}\,\mathbf{L}^2 - \mathrm{i}\hbar\mathbf{B})$$

erfüllt.

5.2 Der Drehimpuls eines Systems von Teilchen

Der Drehimpuls eines Systems von Teilchen mit den Orts- und Impuls-Vektoren $\mathbf{q}^{(r)}$ und $\mathbf{p}^{(r)}$ ist gegeben durch $\mathbf{L} = \sum_r \mathbf{L}^{(r)}$, wobei

$\mathbf{L}^{(r)} = \mathbf{q}^{(r)} \times \mathbf{p}^{(r)}$. Da für verschiedene r und s die Beziehung $[q_\alpha^{(r)}, p_\beta^{(s)}] = 0$ gilt, ist auch $[L_\alpha^{(r)}, L_\beta^{(s)}] = 0$, wenn $r \neq s$. Hieraus folgt

$$[L_\alpha, L_\beta] = \Sigma_r \Sigma_s [L_\alpha^{(r)}, L_\beta^{(s)}] = \Sigma_r [L_\alpha^{(r)}, L_\beta^{(r)}]$$

sowie

$$[L_1, L_2] = \sum_r [L_1^{(r)}, L_2^{(r)}] = \sum_r (\mathrm{i}\hbar L_3^{(r)}) = \mathrm{i}\hbar L_3 .$$

Ganz analog folgen die Gleichungen

$$[L_2, L_3] = \mathrm{i}\hbar L_1 \quad \text{und} \quad [L_3, L_1] = \mathrm{i}\hbar L_2 .$$

Die Relation $(\mathbf{L} \times \mathbf{L}) = \mathrm{i}\hbar \mathbf{L}$ gilt also für ein System von Teilchen in gleicher Weise wie für ein einzelnes Teilchen. Außerdem ist

$$\begin{aligned}[L_\alpha, q_\beta^{(r)}] &= \Sigma_s [L_\alpha^{(s)}, q_\beta^{(r)}] \\ &= [L_\alpha^{(r)}, q_\beta^{(r)}] ,\end{aligned}$$

so daß wir $[L_1, q_2^{(r)}] = \mathrm{i}\hbar q_3{}^{(r)}$, etc. erhalten. Entsprechend ist $[L_1, p_2^{(r)}] = \mathrm{i}\hbar p_3^{(r)}$ etc. Durch Induktion lassen sich daher auch die den Theoremen 1 und 2 aus 5.1 entsprechende Theoreme für ein System von mehreren Teilchen beweisen: (1) Ist S ein beliebiger aus den Koordinaten und Impulsen der Teilchen konstruierter Skalar, so kommutiert er mit den Komponenten des Gesamtdrehimpulses. (2) Ist $\mathbf{A}$ ein beliebiger aus den Koordinaten und Impulsen der Teilchen konstruierter Vektor, so gilt

$$[L_\alpha, A_\beta] = [A_\alpha, L_\beta] = \mathrm{i}\hbar \sum_\gamma \varepsilon_{\alpha\beta\gamma} A_\gamma .$$

5.3 Spinmatrizen

Einige Teilchen haben neben ihrem Bahndrehimpuls noch einen Spin-Drehimpuls. Diesen kann man vergleichen mit dem Drehimpuls eines starren Körpers in bezug auf seinen Schwerpunkt. Der Spin-Drehimpuls eines Teilchens wird beschrieben durch den Vektoroperator $\mathbf{S}$. Er ist unabhängig von den Koordinaten und dem Impuls eines Teilchens und kommutiert daher mit $\mathbf{q}$, $\mathbf{p}$ und $\mathbf{L}$. Der Operator $\mathbf{S}$ erfüllt, wie $\mathbf{L}$, die Gleichung $\mathbf{S} \times \mathbf{S} = \mathrm{i}\hbar \mathbf{S}$.

Übung 15. Zeige, daß für den Vektor $\mathbf{J} = \mathbf{L} + \mathbf{S}$ die Gleichung

$$\mathbf{J} \times \mathbf{J} = \mathrm{i}\hbar \mathbf{J}$$

gilt.

$\mathbf{L}$ und $\mathbf{S}$ unterscheiden sich dadurch, daß $\mathbf{S}^2$ für eine spezielle Teilchensorte nur einen Eigenwert besitzt, während $\mathbf{L}^2$ unendlich viele Eigenwerte hat. Die Matrizen, die $\mathbf{S}$ darstellen, sind somit endlich, die $\mathbf{L}$ darstellenden dagegen unendlich. Es ist daher zweckmäßig, zunächst die relativ einfachen Spin-Matrizen zu untersuchen, bevor wir zu den komplizierteren Matrizen des Bahndrehimpulses übergehen.

Wir definieren eine Zahl $s \geqq 0$, die wir den Betrag des Spins oder auch einfach den *Spin* nennen: Ist λ der Eigenwert von $\mathbf{S}^2$, so ist $s(s+1)\hbar^2 = \lambda$.

Spin Null. Die Gleichung $\mathbf{S} \times \mathbf{S} = i\hbar\,\mathbf{S}$ wird in trivialer Weise befriedigt durch „Matrizen" mit einer Zeile und einer Spalte, deren einziges Element Null ist. Setzen wir $S_1 = S_2 = S_3 = 0$, so ist $\mathbf{S}^2 = 0$. Der Eigenwert von $\mathbf{S}^2$ ist Null und damit gilt dasselbe für den Spin. Das Pion (π-Meson) ist ein Beispiel für ein Teilchen mit dem Spin Null.

Spin 1/2. Die Gleichung $\mathbf{S} \times \mathbf{S} = i\hbar\mathbf{S}$ wird auch durch Matrizen mit zwei Reihen und Spalten erfüllt. Es sei

$$\sigma_1 = \begin{pmatrix} 0 & 1 \\ 1 & 0 \end{pmatrix}, \qquad \sigma_3 = \begin{pmatrix} -1 & 0 \\ 0 & +1 \end{pmatrix},$$

so daß $\sigma_1^2 = \sigma_3^2 = \mathbf{1}$ ist und

$$\sigma_3\sigma_1 = -\sigma_1\sigma_3 = \begin{pmatrix} 0 & -1 \\ +1 & 0 \end{pmatrix}.$$

Setzt man $\sigma_2 = -\mathrm{i}\,\sigma_3\sigma_1$, so erhält man

$$\begin{aligned} \sigma_1\sigma_2 + \sigma_2\sigma_1 &= -\mathrm{i}(\sigma_1\sigma_3 + \sigma_3\sigma_1)\,\sigma_1 = 0\,, \\ \sigma_2\sigma_3 + \sigma_3\sigma_2 &= -\mathrm{i}\,\sigma_3(\sigma_1\sigma_3 + \sigma_3\sigma_1) = 0\,, \\ \sigma_2^2 &= -(\sigma_3\sigma_1)^2 = \sigma_3\sigma_1^2\sigma_2 = \sigma_3^2 = 1\,. \end{aligned}$$

Diese Relationen können zusammengefaßt werden in der Form

$$\sigma_\alpha\sigma_\beta + \sigma_\beta\sigma_\alpha = 2\,\delta_{\alpha\beta}\,.$$

Außerdem ist

$$\begin{aligned} \sigma_3\sigma_1 &= \mathrm{i}\,\sigma_2\,, \\ \sigma_1\sigma_2 &= -\mathrm{i}\,\sigma_1\sigma_3\sigma_1 = \mathrm{i}\,\sigma_3\sigma_1^2 = \mathrm{i}\,\sigma_3\,, \\ \sigma_2\sigma_3 &= -\mathrm{i}\,\sigma_3\sigma_1\sigma_3 = \mathrm{i}\,\sigma_1\sigma_3^2 = \mathrm{i}\,\sigma_1\,, \end{aligned}$$

so daß wir schreiben können:

$$\sigma_\alpha\sigma_\beta = \mathrm{i}\,\Sigma_\gamma\,\varepsilon_{\alpha\beta\gamma}\,\sigma_\gamma\,.$$

Definieren wir schließlich $\mathbf{S}$ durch $\mathbf{S} = \frac{1}{2}\hbar\,\sigma$, so finden wir

$$\begin{aligned} S_1S_2 - S_2S_1 &= \tfrac{1}{4}\hbar^2(\sigma_1\sigma_2 - \sigma_2\sigma_1) \\ &= \tfrac{1}{2}\,\mathrm{i}\,\hbar^2\,\sigma_3 \\ &= \mathrm{i}\,\hbar\,S_3\,, \end{aligned}$$

und entsprechende Relationen durch zyklische Vertauschung. Die definierten Matrizen erfüllen also die Relation $\mathbf{S} \times \mathbf{S} = \mathrm{i}\hbar\mathbf{S}$.

Die σ-Matrizen (die mit den Matrizen $\mathbf{i}C$, $i\mathbf{i}$ und C von 1.4 identisch sind) werden Pauli-Matrizen genannt. PAULI war der erste, der ihre Eignung zur Beschreibung des Spins des Elektrons erkannte. Manchmal nennt man sie auch Clifford-Matrizen nach CLIFFORD, der im 19. Jahrhundert ihre mathematischen Eigenschaften untersuchte. (Hamiltons *Quaternionen* sind Operatoren vom Typ $c_0 + \mathrm{i}\mathbf{C} \cdot \boldsymbol{\sigma}$).

Da $\boldsymbol{\sigma}^2 = \sigma_1^2 + \sigma_2^2 + \sigma_3^2 = 3$ ist, hat man $\mathbf{S}^2 = 3\hbar^2/4 = \frac{1}{2}(\frac{1}{2}+1)\hbar^2$. Diese Gleichung zeigt, daß diese Darstellung den Spin $\frac{1}{2}$ beschreibt. Elektronen, Myonen (μ-Mesonen), Protonen, Neutronen, Neutrinos und Hyperonen haben alle den Spin $\frac{1}{2}$.

Übung 16. Sind $\mathbf{a}$ und $\mathbf{b}$ gewöhnliche Vektoren (deren Komponenten Zahlen sind) so gilt

$$(\mathbf{a}\cdot\boldsymbol{\sigma})^2 = \mathbf{a}^2, \quad (\mathbf{a}\cdot\boldsymbol{\sigma})(\mathbf{b}\cdot\boldsymbol{\sigma}) + (\mathbf{b}\cdot\boldsymbol{\sigma})(\mathbf{a}\cdot\boldsymbol{\sigma}) = 2\,\mathbf{a}\cdot\mathbf{b}\,.$$

Zeige ferner, daß $(\mathbf{a}\cdot\boldsymbol{\sigma})(\mathbf{b}\cdot\boldsymbol{\sigma}) = \mathbf{a}\cdot\mathbf{b} + \mathrm{i}(\mathbf{a}\times\mathbf{b})\cdot\boldsymbol{\sigma}$.

Spin 1. Es gibt auch eine dreidimensionale Matrixdarstellung des Spins, die beim Photon (und Deuteron) Anwendung findet. Es sei

$$\beta = \begin{pmatrix} 0 & 1 & 0 \\ 0 & 0 & 1 \\ 0 & 0 & 0 \end{pmatrix} \qquad \beta^* = \begin{pmatrix} 0 & 0 & 0 \\ 1 & 0 & 0 \\ 0 & 1 & 0 \end{pmatrix},$$

dann gilt

$$\beta\beta^* = \begin{pmatrix} 1 & 0 & 0 \\ 0 & 1 & 0 \\ 0 & 0 & 0 \end{pmatrix} \qquad \beta^*\beta = \begin{pmatrix} 0 & 0 & 0 \\ 0 & 1 & 0 \\ 0 & 0 & 1 \end{pmatrix}.$$

Ferner definieren wir

$$\beta_3 = \beta^*\beta - \beta\beta^* = \begin{pmatrix} -1 & 0 & 0 \\ 0 & 0 & 0 \\ 0 & 0 & +1 \end{pmatrix},$$

so daß

$$\beta\beta_3 = \begin{pmatrix} 0 & 0 & 0 \\ 0 & 0 & +1 \\ 0 & 0 & 0 \end{pmatrix}, \qquad \beta_3\beta = \begin{pmatrix} 0 & -1 & 0 \\ 0 & 0 & 0 \\ 0 & 0 & 0 \end{pmatrix},$$

und

$$\beta\beta_3 - \beta_3\beta = \beta$$

ist. Bildet man unter Benutzung der Regel $(AB)^* = B^*A^*$ die hermitesch konjugierte der letzten Relation so ergibt sich

$$\beta_3\beta^* - \beta^*\beta_3 = \beta^*.$$

Setzen wir schließlich

$$\beta_1 = (\beta + \beta^*)/\sqrt{2}\,; \quad \beta_2 = \mathrm{i}(\beta - \beta^*)/\sqrt{2}\,,$$

so sind β_1 und β_2 beide hermitesch und erfüllen die Gleichungen

$$\begin{aligned}
\beta_1\beta_2 - \beta_2\beta_1 &= \mathrm{i}(\beta^*\beta - \beta\beta^*) = \mathrm{i}\beta_3\,,\\
\beta_2\beta_3 - \beta_3\beta_2 &= \mathrm{i}[\beta,\beta_3]/\sqrt{2} - \mathrm{i}[\beta^*,\beta_3]/\sqrt{2}\\
&= \mathrm{i}(\beta + \beta^*)/\sqrt{2} = \mathrm{i}\beta_1\,,\\
\beta_3\beta_1 - \beta_1\beta_3 &= [\beta_3,\beta]/\sqrt{2} + [\beta_3,\beta^*]/\sqrt{2}\\
&= (-\beta + \beta^*)/\sqrt{2} = \mathrm{i}\beta_2\,.
\end{aligned}$$

Zusammengefaßt gilt somit: $\boldsymbol{\beta}\times\boldsymbol{\beta} = \mathrm{i}\boldsymbol{\beta}$. Setzen wir dann $\mathbf{S} = \hbar\boldsymbol{\beta}$, so erhalten wir $\mathbf{S}\times\mathbf{S} = \mathrm{i}\hbar\mathbf{S}$.

Um den Spin zu bestimmen, berechnen wir

$$\begin{aligned}
\beta_1^2 + \beta_2^2 &= \tfrac{1}{2}(\beta^2 + \beta\beta^* + \beta^*\beta + \beta^{*2}) + \tfrac{1}{2}(-\beta^2 + \beta\beta^* +\\
&\quad + \beta^*\beta - \beta^{*2}) = (\beta\beta^* + \beta^*\beta)\\
&= 2 - \beta_3^2\,.
\end{aligned}$$

Also ist $\boldsymbol{\beta}^2 = 2$; aus $\mathbf{S}^2 = 2\hbar^2 = s(s+1)\hbar^2$ folgt somit $s = 1$. Die Matrizen S_1, S_2, S_3 beschreiben daher den Spin 1.

Übung 17. Zeige, daß

$$\beta_\alpha\beta_\beta\beta_\gamma + \beta_\gamma\beta_\beta\beta_\alpha = \delta_{\alpha\beta}\beta_\gamma + \delta_{\beta\gamma}\beta_\alpha$$

ist. (Setze zunächst alle drei Indizes gleich, dann nur zwei, und wähle schließlich alle drei verschieden.)

5.4 Die Eigenwerte des Drehimpulses

Wir bestimmen nunmehr die Eigenwerte der Operatoren M_3 und $\mathbf{M}^2$ für einen beliebigen Vektoroperator $\mathbf{M}$, der der Beziehung $\mathbf{M}\times\mathbf{M} = \mathrm{i}\hbar\mathbf{M}$ genügt. Wir haben bereits gesehen, daß diese Gleichung vom Bahndrehimpuls $\mathbf{L}$, vom Spin-Drehimpuls $\mathbf{S}$ und von dem Gesamtdrehimpuls $\mathbf{J} = \mathbf{L} + \mathbf{S}$ (siehe Übung 15) erfüllt wird. Die folgenden Betrachtungen gelten daher für jeden dieser Drehimpulse.

Da $[\mathbf{M}_3, \mathbf{M}^2] = 0$ ist, können M_3 und $\mathbf{M}^2$ gleichzeitig auf Diagonalform gebracht werden. Sei ψ ein gemeinsamer Eigenvektor zu den Eigenwerten $m_3\hbar$ und $m(m+1)\hbar^2$, d. h.

$$M_3\psi = m_3\hbar\psi \quad \text{und} \quad M^2\psi = m(m+1)\hbar\psi\,, \tag{5.3}$$

Wir werden in diesem Abschnitt zeigen: (a) m muß eine halb-ganze Zahl sein, d. h. m ist entweder ganzzahlig (möglicherweise Null) oder halbzahlig, (b) m_3 kann nur die Werte $-m$, $-m+1, \ldots, m$ annehmen. m_3 ist also halb- oder ganzzahlig, je nachdem m halb- oder ganzzahlig ist. Außerdem ist $|m_3| \leqq m$.

Die Methode zur Bestimmung der Eigenwerte ist ähnlich derjenigen, die beim harmonischen Oszillator angewandt wurde. Dort benutzten wir die Tatsache, daß $(A^n\psi)^* A^n\psi \geqq 0$ sein mußte. Hier nützten wir entsprechend aus, daß $(M_\pm^n \psi)^* (M_\pm^n \psi) \geqq 0$ sein muß für $M_\pm = M_1 \pm \mathrm{i} M_2$ und $M_-^* = M_+$. Zur Rechnung benötigen wir die folgenden Regeln:

Regel 1. Für ein beliebiges Polynom $f(M_3)$ in M_3 gilt

$$f(M_3)\,M_+ = M_+ f(M_3 + \hbar)\,,$$
$$f(M_3)\,M_- = M_- f(M_3 - \hbar)\,.$$

Entsprechend ist für eine positive ganze Zahl k

$$f(M_3)\,M_+^k = M_+^k\, f(M_3 + k\hbar)\,,$$
$$f(M_3)\,M_-^k = M_-^k\, f(M_3 - k\hbar)\,.$$

Beweis.

$$[M_3, M_+] = [M_3, M_1] + \mathrm{i}[M_3, M_2]$$
$$= \mathrm{i}\hbar\, M_2 + \hbar\, M_1 = \hbar\, M_+\,,$$

so daß

$$M_3 M_+ = M_+(M_3 + \hbar)\,.$$

Durch wiederholte Anwendung dieser Beziehung folgt

$$M_3^k M_+ = M_+(M_3 + \hbar)^k\,.$$

Ist $f(M_3)$ ein Polynom in M_3, so gilt also $f(M_3)\,M_+ = M_+ f(M_3 + \hbar)$. Ersetzen wir $f(M_3)$ durch $f^*(M_3 - \hbar)$, so erhalten wir $f^*(M_3 - \hbar)\,M_+ = M_+ f^*(M_3)$. Bilden wir zu dieser Gleichung die hermitesch konjugierte und benutzen, daß $M_+^* = M_-$ ist, so gelangen wir schließlich zu $M_- f(M_3 - \hbar) = f(M_3)\,M_-$.

Regel 2. Es ist

$$M_- M_+ = \mathbf{M}^2 - M_3(M_3 + \hbar)\,,$$
$$M_+ M_- = \mathbf{M}^2 - M_3(M_3 - \hbar)\,.$$

Beweis.

$$M_- M_+ = (M_1 - \mathrm{i} M_2)\,(M_1 + \mathrm{i} M_2)$$
$$= M_1^2 + M_2^2 + \mathrm{i}[M_1, M_2]$$
$$= (\mathbf{M}^2 - M_3^2) - \hbar\, M_3\,;$$
$$M_+ M_- = (M_1 + \mathrm{i} M_2)\,(M_1 - \mathrm{i} M_2)$$
$$= M_1^2 + M_2^2 - \mathrm{i}[M_1, M_2]$$
$$= (\mathbf{M}^2 - M_3^2) + \hbar\, M_3\,.$$

Regel 3. Es ist

$$M_-^n\, M_+^n = \prod_{k=1}^{n} \{\mathbf{M}^2 - [M_3 + (k-1)\hbar]\,[M_3 + k\hbar]\}$$

und

$$M_+^n\, M_-^n = \prod_{k=1}^{n} \{\mathbf{M}^2 - [M_3 - (k-1)\hbar]\,[M_3 - k\hbar]\}\,.$$

Beweis. Die erste Formel erhalten wir durch wiederholte Anwendung von

$$\begin{aligned} M_-^n\, M_+^n &= M_-^{n-1}(M_- M_+)\, M_+^{n-1} \\ &= M_-^{n-1}[\mathbf{M}^2 - M_3(M_3 + \hbar)]\, M_+^{n-1} \\ &= M_-^{n-1}\, M_+^{n-1}\{\mathbf{M}^2 - [M_3 + (n-1)\hbar]\,[M_3 + n\hbar]\}\,, \end{aligned}$$

Die zweite Formel folgt entsprechend aus

$$\begin{aligned} M_+^n\, M_-^n &= M_+^{n-1}(M_+ M_-)\, M_-^{n-1} \\ &= M_+^{n-1}[\mathbf{M}^2 - M_3(M_3 - \hbar)]\, M_-^{n-1} \\ &= M_+^{n-1}\, M_-^{n-1}\{\mathbf{M}^2 - [M_3 - (n-1)\hbar]\,[M_3 - n\hbar]\}\,. \end{aligned}$$

Hiermit sowie mit Gleichung (5.3) und der Normierungsbedingung $\psi^*\psi = 1$ berechnen wir nun den Ausdruck

$$\begin{aligned} (M_+^n\,\psi)^*\, M_+^n\,\psi &= \psi^*\, M_-^n\, M_+^n\,\psi \\ &= \psi^* \prod_{k=1}^{n} \{\mathbf{M}^2 - [M_3 + (k-1)\hbar]\,[M_3 + k\hbar]\}\,\psi \\ &= \prod_{k=1}^{n} [m(m+1) - (m_3 + k - 1)(m_3 + k)]\,\hbar^2\,, \end{aligned}$$

Entsprechend ist

$$(M_-^n\,\psi)^*\, M_-^n\,\psi = \prod_{k=1}^{n} [m(m+1) - (m_3 - k + 1)(m_3 - k)]\,\hbar^2\,.$$

Wir erhalten also

$$\prod_{k=1}^{n} [m(m+1) - (m_3 + k - 1)(m_3 + k)] \geqq 0\,,$$

$$\prod_{k=1}^{n} [m(m+1) - (m_3 - k + 1)(m_3 - k)] \geqq 0\,. \tag{5.4}$$

Für $(m_3 + k - 1) > m$ ist

$$m(m+1) - (m_3 + k - 1)(m_3 + k) < 0$$

und für $(m_3 - k + 1) < -m$ ist

$$m(m+1) - (m_3 - k + 1)(m_3 - k) < 0$$

Die Ungleichungen (5.4) können also nur dann für alle Werte von n gelten, wenn für eine positive ganze Zahl k_+

$$m(m+1) = (m_3 + k_+ - 1)(m_3 + k_+)$$

und für eine andere positive ganze Zahl k_-

$$m(m+1) = (m_3 - k_- + 1)(m_3 - k_-),$$

Mit Rücksicht auf die Ungleichungen (5.4) müssen wir für positive Werte von $k_\pm$ die Lösungen

$$m = m_3 + k_+ - 1,$$
$$-m = m_3 - k_- + 1$$

wählen. Durch Subtraktion dieser beiden Ergebnisse erhalten wir

$$2m = k_+ + k_- - 2.$$

Somit ist $2m$ eine nichtnegative ganze Zahl. Ferner ist

$$m - m_3 = k_+ - 1 \geqq 0, \quad m_3 + m = k_- - 1 \geqq 0.$$

Somit ist $|m_3| \leqq m$, und m_3 unterscheidet sich von m um eine ganze Zahl.

Betrachten wir zunächst die Anwendung dieser Resultate auf die Spinmatrizen. Schreiben wir die Eigenwerte von $\mathbf{S}^2$ in der Form $s(s+1)\hbar^2$, so kann s nur halb- oder ganzzahlig sein. In Abschnitt 5.3 untersuchten wir die Fälle $s = 0, \frac{1}{2}, 1$. Es ist aber auch möglich, Matrizen für den Spin $s = \frac{3}{2}, 2$ etc. zu konstruieren. Bei einem festen Wert des Spins s hat S_3 die Eigenwerte $s_3\hbar$ mit $s_3 = -s, -s+1, \ldots, s$. Aus den expliziten Darstellungen in 5.3 liest man z. B. ab: Für den Spin $s = 0$ hat der Operator S_3 den Eigenwert $s_3 = 0$, für $s = \frac{1}{2}$ die Eigenwerte $s_3 = -\frac{1}{2}, \frac{1}{2}$ und für $s = 1, s_3 = -1, 0, +1$.

Wir schließen ferner: Wenn $\mathbf{L}^2$ den Eigenwert $l(l+1)\hbar^2$ hat, so gibt es simultane Eigenwerte $l_3\hbar$ von L_3 für die Zahlwerte $l_3 = -l, -l+1, \ldots, l$. Allerdings kann l nur ganze Werte annehmen, wie wir im nächsten Abschnitt sehen werden.

5.5 Die Eigenwerte des Bahndrehimpulses

Um zu zeigen, daß die Zahlen l in den Eigenwerten $l(l+1)\hbar^2$ von $\mathbf{L}^2$ nur *ganze* Werte annehmen, benutzen wir die Relation

$$\mathbf{q} \cdot \mathbf{L} = q_1(q_2 L_3 - q_3 L_2) + q_2(q_3 L_1 - q_1 L_3) + q_3(q_1 L_2 - q_2 L_1) = 0.$$

(Wir merken an, daß die wellenmechanische Berechnung der Eigenwerte von L_3 und L^2 in den meisten Lehrbüchern von der falschen Voraussetzung ausgeht, daß die Wellenfunktion Ψ eindeutig sein muß, während aus physikalischen Gründen nur die Eindeutigkeit von $|\Psi|^2$ zu fordern ist.) Mit Hilfe der Relation $\mathbf{q} \cdot \mathbf{L} = 0$ werden wir in diesem Abschnitt zeigen, daß mit $l(l+1)\hbar^2$ stets auch $l(l-1)\hbar^2$ Eigenwert von $\mathbf{L}^2$ ist. Dies schließt offensichtlich den Wert $l = \frac{1}{2}$ aus, da kein Eigenwert von $\mathbf{L}^2$ negativ sein kann; denn es ist $(L_\alpha \phi)^* (L_\alpha \phi) = \phi^* L_\alpha^2 \phi \geqq 0$, für $\alpha = 1, 2, 3$. Mit $\phi^* L^2 \phi \geqq 0$ folgt aber aus $\mathbf{L}^2 \phi = l(l-1)\hbar^2$, daß $l(l-1) \geqq 0$ sein muß.

Um den Beweis zu vereinfachen, leiten wir zunächst zwei weitere Regeln ab:

Regel 4. Sind $\sigma_1, \sigma_2, \sigma_3$ die in 5.3 definierten Paulimatrizen und $L_\sigma = \boldsymbol{\sigma} \cdot \mathbf{L}$, so ist

$$L_\sigma (L_\sigma + \hbar) = \mathbf{L}^2 .$$

Beweis.

$$\begin{aligned} L_\sigma^2 &= \sigma_1^2 L_1^2 + \sigma_2^2 L_2^2 + \sigma_3^2 L_3^2 \\ &+ \sigma_1 \sigma_2 L_1 L_2 + \sigma_2 \sigma_1 L_2 L_1 \\ &+ \sigma_2 \sigma_3 L_2 L_3 + \sigma_3 \sigma_2 L_3 L_2 \\ &+ \sigma_3 \sigma_1 L_3 L_1 + \sigma_1 \sigma_3 L_1 L_3 \\ &= L_1^2 + L_2^2 + L_3^2 + \mathrm{i}\sigma_3 (L_1 L_2 - L_2 L_1) \\ &+ \mathrm{i}\sigma_1 (L_2 L_3 - L_3 L_2) + \mathrm{i}\sigma_2 (L_3 L_1 - L_1 L_3) \\ &= \mathbf{L}^2 - \hbar (\sigma_3 L_3 + \sigma_1 L_1 + \sigma_2 L_2) . \end{aligned}$$

Regel 5. Ist $q_\sigma = \boldsymbol{\sigma} \cdot \mathbf{q}$, so ist

$$L_\sigma q_\sigma + q_\sigma L_\sigma = -2\hbar q_\sigma .$$

Beweis.

$$\begin{aligned} L_\sigma q_\sigma + q_\sigma L_\sigma &= 2\sigma_1^2 q_1 L_1 + 2\sigma_2^2 q_2 L_2 + 2\sigma_3^2 q_3 L_3 \\ &+ \sigma_1 \sigma_2 (L_1 q_2 + q_1 L_2) + \sigma_2 \sigma_1 (L_2 q_1 + q_2 L_1) \\ &+ \cdots + \cdots \\ &= 2\mathbf{q} \cdot \mathbf{L} + \mathrm{i}\sigma_3 ([L_1, q_2] + [q_1, L_2]) + \cdots + \cdots \\ &= 0 - 2\hbar (\sigma_3 q_3 + \sigma_1 q_1 + \sigma_2 q_2) . \end{aligned}$$

Es sei nun ψ ein Eigenvektor von $\mathbf{L}^2$ und $l(l+1)\hbar^2$ der zugehörige Eigenwert, so daß $\mathbf{L}^2 \psi = l(l+1)\hbar^2 \psi$. Mit Hilfe der Regel (4) können wir dafür auch schreiben

$$[L_\sigma (L_\sigma + \hbar) - l(l+1)\hbar^2] \psi = 0 ,$$

$$(L_\sigma - l\hbar)(L_\sigma + l\hbar + \hbar) \psi = 0 .$$

Setzen wir

$$\psi^{(+)} = (L_\sigma + l\hbar + \hbar)\,\psi\,,$$
$$\psi^{(-)} = (L_\sigma - l\hbar)\,\psi\,,$$

so erhalten wir also

$$L_\sigma \psi^{(+)} = l\hbar\,\psi^{(+)} \quad \text{und} \quad L_\sigma \psi^{(-)} = -(l+1)\,\hbar\,\psi^{(-)}\,.$$

$\psi^{(+)}$ und $\psi^{(-)}$ sind also Eigenvektoren von L mit den Eigenwerten $l\hbar$ und $-(l+1)\hbar$.

Wir benutzen nun die Regel (5), um zu zeigen, daß

$$\begin{aligned} \mathbf{L}^2(q_\sigma\psi^{(-)}) &= L_\sigma(L_\sigma + \hbar)\,q_\sigma\psi^{(-)} \\ &= -L_\sigma q_\sigma(L_\sigma + \hbar)\,\psi^{(-)} \\ &= q_\sigma(L_\sigma + 2\hbar)\,(L_\sigma + \hbar)\,\psi^{(-)} \\ &= l(l-1)\,\hbar^2(q_\sigma\psi^{(-)})\,. \end{aligned}$$

Somit ist $\phi = q_\sigma\psi^{(-)}$ ein Eigenvektor von $\mathbf{L}^2$ zum Eigenwert $l(l-1)\hbar^2$. Hieraus folgt, wie wir zu Anfang auseinandersetzen, daß l nur ganzzahlige Werte annehmen kann.

Übung 18. Zeige, daß mit $l(l+1)\hbar^2$ auch $(l+1)(l+2)\hbar^2$ Eigenwert von $\mathbf{L}^2$ ist, so daß es keine obere Grenze für die Werte von l gibt.

5.6 Eigenvektoren und Matrixelemente

In diesem Abschnitt demonstrieren wir eine systematische Methode zur Konstruktion der Spinmatrizen aus 5.3 sowohl als der Darstellungen von L_1, L_2, L_3. Dazu betrachten wir wieder Matrizen M_1, M_2 und M_3, über die wir keine andere Annahme machen, als daß sie die Beziehung $\mathbf{M} \times \mathbf{M} = \mathrm{i}\hbar M$ erfüllen.

Es sei $\psi^{(j)}$ ein gemeinsamer normierter Eigenvektor von $\mathbf{M}^2$ und M_3, so daß also

$$\mathbf{M}^2\psi^{(j)} = m(m+1)\,\hbar^2\psi^{(j)}\,, \quad M_3\psi^{(j)} = m_3\hbar\,\psi^{(j)}\,,$$
$$\psi^{(j)}\psi^{(j)*} = 1\,.$$

Wir können leicht zeigen, daß $M_+\psi^{(j)}$ ebenfalls ein Eigenvektor von $\mathbf{M}^2$ und M_3 ist für $M_+ = M_1 + \mathrm{i}M_2$. Aus $[\mathbf{M}^2, M_+] = 0$ folgt nämlich, daß $\mathbf{M}^2(M_+\psi^{(j)}) = M_+\mathbf{M}^2\psi^{(j)} = m(m+1)M_+\psi^{(j)}$ ist. Außerdem gilt auf Grund der Regel (1) von 5.4 $M_3M_+ = M_+(M_3 + \hbar)$, so daß $M_3M_+\psi^{(j)} = M_+(M_3 + \hbar)\psi^{(j)} = (m_3 + 1)\hbar M_+\psi^{(j)}$ ist. Der Eigenwert von $\mathbf{M}^2$ bleibt also ungeändert, wenn der Operator M_+ auf $\psi^{(j)}$ angewendet wird, während der Eigenwert von M_3 dabei um

$\hbar$ erhöht wird. Allerdings ist der Eigenvektor $M_+\psi^{(j)}$ noch nicht normiert. Um dies nachzuholen, benutzen wir die Regel (2) aus 5.4, nach der gilt

$$\begin{aligned}(M_+\psi^{(j)})^* M_+\psi^{(j)} &= \psi^{(j)*} M_- M_+ \psi^{(j)} \\ &= \psi^{(j)*}[\mathbf{M}^2 - M_3(M_3 + \hbar)]\,\psi^{(j)} \\ &= [m(m+1) - m_3(m_3+1)]\,\hbar^2,\end{aligned}$$

da $\psi^{(j)}$ normiert ist. Daher ist

$$\psi^{(j+1)} = [(m - m_3)(m + m_3 + 1)\,\hbar^2]^{-1/2} M_+\psi^{(j)}$$

der normierte Eigenvektor. Mit dieser Formel lassen sich die Eigenvektoren konstruieren, die zu den Eigenwerten $-(m-1)\,\hbar$, $-(m-2)\hbar, \ldots, m\hbar$ des Operators M_3 gehören, wenn man von einem Vektor $\psi^{(1)}$ ausgeht, der die Gleichung $M_3\psi^{(1)} = -\,m\hbar\,\psi^{(1)}$ erfüllt. Dann ist $\psi^{(j)}$ der Eigenvektor zum Eigenwert

$$m_3\hbar = (-\,m + j - 1)\,\hbar\,.$$

Die Eigenvektoren $\psi^{(j)}$ von M_3 sind normiert und untereinander orthogonal. Sie können daher zur Konstruktion einer Darstellung verwendet werden, in der $\mathbf{M}^2$ den Eigenwert $m(m+1)\hbar^2$ hat und M_3 eine Diagonalmatrix ist. In dieser Darstellung ist $\psi^{(j)} = \delta^{(j)}$, und die Matrixelemente von M_α sind

$$(M_\alpha)_{jk} = \psi^{(j)*} M_\alpha \psi^{(k)} \qquad (j, k = 1, 2, \ldots, 2m+1)\,.$$

Da $M_3\psi^{(k)} = (-\,m + k - 1)\,\hbar\,\psi^{(k)}$ ist, erhalten wir

$$(M_3)_{jk} = \psi^{(j)*} M_3\psi^{(k)} = (-\,m + k - 1)\,\hbar\,\delta_{jk}\,,$$

und entsprechend aus $M_+\psi^{(k)} = [(2m + 1 - k)\,k]^{1/2}\,\hbar\,\psi^{(k+1)}$

$$(M_+)_{jk} = \psi^{(j)*} M_+\psi^{(k)} = [(2m + 1 - k)\,k]^{1/2}\,\hbar\,\delta_{j,\,k+1}\,.$$

Berücksichtigen wir schließlich noch, daß $(M_-)_{jk} = (M_+)^*_{kj}$ ist, so finden wir

$$(M_-)_{jk} = [(2m + 1 - j)\,j]^{1/2}\,\hbar\,\delta_{j+1,\,k}\,.$$

Da $M_1 = \frac{1}{2}(M_+ + M_-)$ und $M_2 = \frac{1}{2}\mathrm{i}(M_- - M_+)$, folgt

$$(M_1)_{jk} = \tfrac{1}{2}\,[(2m + 1 - k)\,k]^{\frac{1}{2}}\,\hbar\,\delta_{j,\,k+1} + \tfrac{1}{2}\,[(2m + 1 - j)\,j]^{\frac{1}{2}}\,\hbar\,\delta_{j+1,\,k}$$

$$(M_2)_{jk} = -\tfrac{1}{2}i[(2m + 1 - k)k]^{\frac{1}{2}}\,\hbar\,\delta_{j,\,k+1} + \tfrac{1}{2}i[(2m + 1 - j)j]^{\frac{1}{2}}\,\hbar\,\delta_{j+1,\,k}$$

Diese Formeln können direkt auf die Spinmatrizen angewandt werden. Für $m = 0, \frac{1}{2}, 1$ erhalten wir unmittelbar die Darstellungen von S_1, S_2 und S_3 des Abschnitts 5.3. Setzen wir $m = \frac{3}{2}$ und 2 ein, so erhalten wir in analoger Weise Matrizen für höhere Spinwerte.

Es ist jedoch nicht sicher, ob Teilchen mit diesem Spin in der Natur vorkommen.

Die obigen Formeln können wir auch benutzen, um eine Darstellung für den Bahndrehimpuls zu gewinnen. Bei dieser Anwendung ist m nicht auf einen einzigen Wert beschränkt, sondern nimmt jeden der Werte 0, 1, 2, ... an. Ist $M_\alpha^{(l)}$ die Untermatrix zum Eigenwert $m = l$, so hat die L_α darstellende Matrix die Form

$$L_\alpha = \begin{pmatrix} M_\alpha^{(0)} & 0 & 0 & . \\ 0 & M_\alpha^{(1)} & 0 & . \\ 0 & 0 & M_\alpha^{(2)} & . \\ . & . & . & . \end{pmatrix},$$

d. h. L_α ist die *direkte Summe* der Matrizen $M_\alpha^{(0)}$, $M_\alpha^{(1)}$, ... Die so konstruierten Matrizen L_α genügen offensichtlich der Beziehung $\mathbf{L} \times \mathbf{L} = \mathrm{i}\hbar \mathbf{L}$, weil jede der Untermatrizen $M_\alpha^{(l)}$ es tut. $\mathbf{L}^2$ hat die Eigenwerte $0, 2\hbar^2, 6\hbar^2, \ldots$, d. h. die Eigenwerte der einzelnen Untermatrizen $\mathbf{M}^{(l)2}$. Die Anzahl der Zeilen und Spalten von $M_\alpha^{(l)}$ ist $2l + 1$. Sie wächst also mit l an, so daß die Matrizen für L_1, L_2, und L_3 von folgender Form sind:

$$L_1 = \tfrac{1}{2}\hbar \left(\begin{array}{c|ccc|ccccc|c}
0 & \multicolumn{3}{c|}{\text{Nullen}} & & & & & & \\ \hline
 & 0 & \sqrt{2} & 0 & & & & & & \\
 & \sqrt{2} & 0 & \sqrt{2} & & & \text{Nullen} & & & \\
 & 0 & \sqrt{2} & 0 & & & & & & \\ \hline
 & & & & 0 & \sqrt{4} & 0 & 0 & 0 & \\
 & & & & \sqrt{4} & 0 & \sqrt{6} & 0 & 0 & \\
\text{Nullen} & & & & 0 & \sqrt{6} & 0 & \sqrt{6} & 0 & \\
 & & & & 0 & 0 & \sqrt{6} & 0 & \sqrt{4} & \\
 & & & & 0 & 0 & 0 & \sqrt{4} & 0 & \\ \hline
 & & & & & & & & &
\end{array}\right)$$

$$L_2 = \tfrac{1}{2}\mathrm{i}\hbar \left(\begin{array}{c|ccc|ccccc|c}
0 & \multicolumn{3}{c|}{\text{Nullen}} & & & & & & \\ \hline
 & 0 & \sqrt{2} & 0 & & & & & & \\
 & -\sqrt{2} & 0 & \sqrt{2} & & & \text{Nullen} & & & \\
 & 0 & -\sqrt{2} & 0 & & & & & & \\ \hline
 & & & & \sqrt{0} & \sqrt{4} & 0 & 0 & 0 & \\
 & & & & -\sqrt{4} & 0 & \sqrt{6} & 0 & 0 & \\
\text{Nullen} & & & & 0 & -\sqrt{6} & 0 & \sqrt{6} & 0 & \\
 & & & & 0 & 0 & -\sqrt{6} & 0 & \sqrt{4} & \\
 & & & & 0 & 0 & 0 & -\sqrt{4} & 0 & \\ \hline
 & & & & & & & & &
\end{array}\right)$$

$$L_3 = \hbar \left(\begin{array}{c|ccc|ccccc|c}
0 & & \text{Nullen} & & & & & & & \\
\hline
 & -1 & 0 & 0 & & & & & & \\
 & 0 & 0 & 0 & & & \text{Nullen} & & & \\
 & 0 & 0 & 1 & & & & & & \\
\hline
 & & & & -2 & 0 & 0 & 0 & 0 & \\
 & & & & 0 & -1 & 0 & 0 & 0 & \\
 & \text{Nullen} & & & 0 & 0 & 0 & 0 & 0 & \\
 & & & & 0 & 0 & 0 & 1 & 0 & \\
 & & & & 0 & 0 & 0 & 0 & 2 & \\
\hline
 & & & & & & & & &
\end{array}\right)$$

Diese Matrizen sind offensichtlich unendlich.

Übung 19. Bestimme durch direkte Rechnung aus diesen Matrizen die $\mathbf{L}^2$ darstellende Matrix.

Beispiele V

1. Ausgehend von den Relationen

$$\begin{aligned} L_2 L_3 - L_3 L_2 &= \mathrm{i}\hbar L_1, \\ L_3 L_1 - L_1 L_3 &= \mathrm{i}\hbar L_2, \\ L_1 L_2 - L_2 L_1 &= \mathrm{i}\hbar L_3 \end{aligned}$$

zeige, daß L_3 mit $\mathbf{L}^2 = L_1^2 + L_2^2 + L_3^2$ kommutiert. Setze $L_\pm = L_1 \pm \mathrm{i} L_2$. Berechne $L_\mp L_\pm$ und $L_\mp^n L_\pm^n$ als Funktion von $\mathbf{L}^2$ und L_3.

2. Es sei $L^2\psi = l(l+1)\hbar^2\psi$ mit $l \geqq 0$ und $L_3\psi = l_3\hbar\psi$. Zeige, daß: (1) $2l$ eine ganze Zahl, (2) $2l_3$ eine ganze Zahl zwischen $-2l$ und $2l$, und (3) die Differenz $(2l - 2l_3)$ ganzzahlig ist. Man nutze dabei den Umstand aus, daß $\psi^* L_\pm^n L_\pm^n \psi \geqq 0$ ist für alle n.

3. Es seien L_1, L_2, L_3 Operatoren, die die Vertauschungsregeln des Beispiels 1 erfüllen, und M_1, M_2, M_3 Operatoren, die denselben Vertauschungsrelationen genügen. Überdies sollen die Operatoren L_α und M_β kommutieren: $L_\alpha M_\beta = M_\beta L_\alpha$.

Zeige: (1) daß $K_2 K_3 - K_3 K_2 = \mathrm{i}\hbar K_2$, etc. gilt für $\mathbf{K} = \mathbf{L} + \mathbf{M}$, (2) daß $\mathbf{K}^2$ mit $\mathbf{L}^2$, $\mathbf{M}^2$ und $\mathbf{L}\cdot\mathbf{M}$ kommutiert, und (3) daß

$$\mathbf{L}\cdot\mathbf{M}\,\psi = \tfrac{1}{2}\,[k(k+1) - l(l+1) - m(m+1)]\,\hbar^2\psi,$$

wenn

$$\mathbf{K}^2\psi = k(k+1)\hbar^2\psi, \quad \mathbf{L}^2\psi = l(l+1)\hbar^2\psi$$

und

$$\mathbf{M}^2\psi = m(m+1)\hbar^2\psi.$$

4. Ist $\mathbf{N} = \mathbf{M}^2\mathbf{L} - (\mathbf{L}\mathbf{M})\mathbf{M}$ und $\psi^*\psi = 1$, so zeige, daß

$$\psi^*\mathbf{N}\cdot\mathbf{N}^*\psi/\hbar^6 = m(m+1)\{l(l+1)\cdot m(m+1) - \\ - \tfrac{1}{4}[k(k+1) - l(l+1) - m(m+1)]^2\}$$

und daß (außer für $m = 0$)

$$(l+\tfrac{1}{2})(m+\tfrac{1}{2}) > \tfrac{1}{2}[k(k+1) - l(l+1) - m(m+1)].$$

Folgere daraus, $l + m + 1 > k + \frac{1}{2}$ sowie $k \leqq l + m$. Zeige, daß $k = l$ ist für $m = 0$. Zeige, daß entsprechende Betrachtungen auf $l \leqq k + m$ und $m \leqq k + l$ führen. Ist es möglich, ein Dreieck mit den Seiten k, l, m zu konstruieren?

5. Es sei $b_r (r = 1, 2, 3, \ldots)$ eine Folge von nichthermiteschen Operatoren, die den Vertauschungsrelationen

$$[b_r, [b_s^*, b_t]] = \delta_{rs} b_t, \quad [b_r, [b_s, b_t]] = 0$$

genügen. $[A, B]$ bedeute wie üblich $AB - BA$ und δ_{rs} das Kroneckersymbol. Zeige, daß

$$[b_r^*, [b_s, b_t]] = \delta_{rs} b_t - \delta_{rt} b_s \quad \text{und} \quad [b_r^*, [b_s^*, b_t^*]] = 0$$

und daß $[b_r^*, b_r]$ mit $[b_s^*, b_s]$ kommutiert. Zeige ferner, daß die obigen Relationen erfüllt sind, wenn *entweder*

$$\{b_r, b_s\} = 0 \quad \text{und} \quad \{b_r^*, b_s\} = \tfrac{1}{2}\delta_{rs}$$

wobei $\{A, B\} = AB + BA$ bedeutet, *oder*

$$b_r b_s b_t + b_t b_s b_r = 0, \quad b_r^* b_s b_t + b_t b_s b_r^* = \delta_{rs} b_t,$$
$$b_r b_s^* b_t + b_t b_s^* b_r = \delta_{rs} b_t + \delta_{ts} b_r.$$

6. Es sei $L_\sigma = \boldsymbol{\sigma}\cdot\mathbf{L}$. Der Vektor $\mathbf{L}$ erfülle die Vertauschungsrelationen wie in 1. Es sei $\sigma_1^2 = \sigma_2^2 = 1$ und $\sigma_1\sigma_2 = \sigma_2\sigma_1 = \mathrm{i}\sigma_3$. Zeige, daß $\mathbf{L}^2\psi = l(l+1)\hbar^2\psi$ ist für $L_\sigma\psi = -(l+1)\hbar\psi$, und daß $2l$ eine ganze Zahl sein muß. Es sei $q_\sigma = \mathbf{q}\cdot\boldsymbol{\sigma}$ und $\mathbf{L} = \mathbf{q}\times\mathbf{p}$. Beweise, daß $\mathbf{L}^2(q_\sigma\psi) = (l-1)l\hbar^2(q_\sigma\psi)$.

7. Es sei P der *Paritätsoperator*, dessen Anwendung auf jede Koordinate und jede Impulskomponente einen Vorzeichenwechsel zur Folge hat:

$$P\mathbf{q} + \mathbf{q}P = P\mathbf{p} + \mathbf{p}P = 0.$$

Zeige, daß $P^2 = 1$ ist und P mit $\mathbf{L} = \mathbf{q}\times\mathbf{p}$ kommutiert. Zeige, daß aus $P\psi = \psi$ folgt $P(q_\sigma\psi) = -(q_\sigma\psi)$, und daß der Operator P die Eigenwerte $\pm(-1)^l$ hat.

8. Zeige, daß

$$\exp(\mathrm{i}L_3\theta/\hbar)\,q_1\exp(-\mathrm{i}L_3\theta/\hbar) = q_1\cos\theta - q_2\sin\theta,$$
$$\exp(\mathrm{i}L_3\theta/\hbar)\,q_2\exp(-\mathrm{i}L_3\theta/\hbar) = q_2\cos\theta + q_1\sin\theta,$$
$$\exp(\mathrm{i}L_3\theta/\hbar)\,q_3\exp(-\mathrm{i}L_3\theta/\hbar) = q_3,$$

und die unitäre Transformation

$$\mathfrak{q} \rightarrow \mathfrak{q}' = \exp(\mathrm{i}\,L_\alpha\,\theta/\hbar)\,\mathfrak{q}\,\exp(-\,\mathrm{i}\,L_\alpha\,\theta/\hbar)$$

somit einer Rotation der Koordinatenachsen um den Winkel θ um die Achse q_α äquivalent ist.

9. Die Spins der beiden Teilchen (Neutron und Proton), die das Deuteron (H^2-Kern) bilden, sind $\mathbf{S}^{(1)} = \frac{1}{2}\hbar\boldsymbol{\sigma}^{(1)}$ und $\mathbf{S}^{(2)} = \frac{1}{2}\,\hbar\boldsymbol{\sigma}^{(2)}$. $\boldsymbol{\sigma}^{(1)}$ und $\boldsymbol{\sigma}^{(2)}$ sind zwei Sätze von Paulimatrizen, die miteinander kommutieren ($\sigma_\alpha^{(1)}\sigma_\beta^{(2)} = \sigma_\beta^{(2)}\sigma_\alpha^{(1)}$). Zeige, daß $[\frac{1}{2}\,(1 + \sigma_{12})]^2 = 1$ ist für $\sigma_{12} = \boldsymbol{\sigma}^{(1)} \cdot \boldsymbol{\sigma}^{(2)}$. Beweise, daß σ_{12} die Eigenwerte $+1$ und -3 hat. Das Deuteron hat bekanntlich den Spin 1. Sein Zustandsvektor ψ genügt daher der Beziehung $(\mathbf{S}^{(1)} + \mathbf{S}^{(2)})^2\,\psi = 2\hbar^2\psi$. Folgere daraus, daß $\sigma_{12}\psi = \psi$. Zeige außerdem, daß für einen Zustand ψ' in dem Neutron und Proton antiparallelen Spin haben, $\sigma_{12}\psi' = -\,3\psi'$ ist.

10. Die Spins der drei Teilchen (Proton und zwei Neutronen) die das Triton (H^3-Kern) bilden sind $\mathbf{S}^{(1)} = \frac{1}{2}\,\hbar\boldsymbol{\sigma}^{(1)}$, $\mathbf{S}^{(2)} = \frac{1}{2}\,\hbar\boldsymbol{\sigma}^{(2)}$ und $\mathbf{S} = \frac{1}{2}\,\hbar\,\boldsymbol{\sigma}^{(3)}$. Zeige, daß

$$(\sigma_{12} + \sigma_{13} + \sigma_{23})^2 = 9$$

für $\sigma_{ij} = \boldsymbol{\sigma}^{(i)} \cdot \boldsymbol{\sigma}^{(j)}$ und leite daraus ab, daß der Eigenwert von $(\sigma_{12} + \sigma_{13} + \sigma_{23})$ entweder -3 oder $+3$ ist. Das Triton hat bekanntlich den Spin 1/2. Folgere daraus, daß sein Zustand die Beziehung

$$(\sigma_{12} + \sigma_{13} + \sigma_{23})\,\psi = -\,3\,\psi$$

erfüllt. Beweise, daß σ_{12} mit $\sigma_{13} + \sigma_{23}$ kommutiert und verifiziere folgende Darstellung (für das Triton)

$$\tfrac{1}{2}(1 + \sigma_{12}) = \begin{bmatrix} 1 & 0 \\ 0 & -1 \end{bmatrix},$$

$$\tfrac{1}{2}(1 + \sigma_{13}) = \begin{bmatrix} -\frac{1}{2} & -\sqrt{\frac{1}{2}} \\ -\sqrt{\frac{3}{2}} & \frac{1}{2} \end{bmatrix},$$

$$\tfrac{1}{2}(1 + \sigma_{23}) = \begin{bmatrix} -\frac{1}{2} & \sqrt{\frac{3}{2}} \\ \sqrt{\frac{3}{2}} & \frac{1}{2} \end{bmatrix}.$$

Diskutiere in analoger Weise die Spins der vier Teilchen (zwei Protonen und zwei Neutronen), die das α-Teilchen (He^4-Kern) bilden. Das α-Teilchen hat den Spin 0.

6. Weitere Anwendungen

In diesem Abschnitt wollen wir die bisher entwickelten Methoden auf einige einfache Probleme der Atom- und Kernphysik anwenden.

6.1 Die Energieniveaus des Wasserstoffatoms

Wir betrachten ein Wasserstoffatom oder ein beliebiges System, das aus einem kugelsymmetrischen positiven Ion in Wechselwirkung mit einem Elektron (wie z. B. das He^+-Ion) besteht. Bezeichnen wir die positive Ladung des Ions und des Elektrons mit Ze und $-e$, so lautet die Coulombenergie der beiden Teilchen im Abstand r in elektrostatischen Einheiten $-Ze^2/r$. Die Massen und Impulse seien m_1, $\mathfrak{p}_1$ für das Elektron und m_2, $\mathfrak{p}_2$ für das Ion. Die Gesamtenergie H lautet dann

$$H = \mathfrak{p}_1^2/(2m_1) + \mathfrak{p}_2^2/(2m_2) - Ze^2/r .$$

Wie wir schon im Abschnitt 4.5 gezeigt haben, kann die kinetische Energie in die Translations-, Rotations- und Schwingungsenergie aufgespalten werden, so daß die Gesamtenergie auch in der Form

$$H = \mathbf{P}^2/(2M) + (p_r^2 + r^{-2}\mathbf{L}^2)/(2m) - Ze^2/r$$

geschrieben werden kann. Die Translationsenergie $\mathbf{P}^2/(2M)$ kommutiert mit H. Das gleiche gilt für das Quadrat des Drehimpulses $\mathbf{L}^2$ (das mit jedem Skalar kommutiert). H, $\mathbf{P}^2/(2M)$ und $\mathbf{L}^2$ haben daher gemeinsame Eigenvektoren. Ist ψ ein gemeinsamer Eigenvektor und sind E, T und $l(l+1)\hbar^2$ die zugehörigen Eigenwerte, so ist

$$\begin{aligned} H\psi &= [T + (p_r^2 + l(l+1)\hbar^2/r^2)/(2m) - Ze^2/r)]\,\psi \\ &= E\psi \end{aligned}$$

d. h.

$$2m(H - T)\,\psi = [p_r^2 + l(l+1)\hbar^2/r^2 - 2c/r]\,\psi$$

mit $c = mZe^2$.

Zur Bestimmung der Energieniveaus müssen wir also die Eigenwerte des linearen Operator

$$A = p_r^2 + l(l+1)\hbar^2/r^2 - 2c/r$$

finden.

Nach dem Verfahren von Abschnitt 4.2 sind die Eigenwerte von A die Folge der Zahlen $a^{(j)}$, die sich rekursiv aus den Beziehungen

$$\begin{aligned} A &= \theta_1^*\theta_1 + a^{(1)}, \\ A_{j+1} &= \theta_j\theta_j^* + a^{(j)}, \\ A_j &= \theta_j^*\theta_j + a^{(j)}, \end{aligned}$$

bestimmen. Definieren diese Beziehungen die Operatoren θ_j nicht eindeutig, so ist bei jedem Rekursionsschritt dasjenige θ_j zu wählen, das den größten Wert für $a^{(j)}$ liefert.

Im vorliegenden Fall legt die Gestalt von A es nahe,

$$\theta_j = p_r + \mathrm{i}(a_j + b_j/r)$$

zu setzen mit reellen Konstanten a_j und b_j, die noch zu bestimmen sind. Wir erhalten dann

$$\begin{aligned}\theta_j^* \theta_j &= [p_r - \mathrm{i}(a_j + b_j/r)][p_r + \mathrm{i}(a_j + b_j/r)] \\ &= p_r^2 + (a_j + b_j/r)^2 + \mathrm{i}\, b_j [p_r, r^{-1}] \\ &= p_r^2 + a_j^2 + 2\, a_j b_j/r + (b_j^2 - b_j \hbar)/r^2 , \\ \theta_j \theta_j^* &= p_r^2 + (a_j + b_j/r)^2 - \mathrm{i}\, b_j [p_r, r^{-1}] \\ &= p_r^2 + a_j^2 + 2\, a_j b_j/r + (b_j^2 + b_j \hbar)/r^2 .\end{aligned}$$

Aus dem Vergleich der beiden Ausdrücke für A folgt

$$\theta_1^* \theta_1 + a^{(1)} = p_r^2 - 2\, c/r + l(l+1)\hbar^2 ;$$

a_1 und b_1 sind also zu wählen, daß

$$a_1 b_1 = -c, \quad b_1(b_1 - \hbar) = l(l+1)\hbar^2 .$$

$a^{(1)}$ ist dann gegeben durch

$$a^{(1)} + a_1^2 = 0 .$$

Es existieren zwei Lösungen: Entweder (1) ist $b_1 = -l\hbar$, $a_1 = c/(l\hbar)$ und $a^{(1)} = -c^2/(l\,\hbar)^2$ oder (2) $b_1 = (l+1)\,\hbar$, $a_1 = -c/(l+1)\,\hbar$ und $a^{(1)} = -c^2/(l+1)\hbar^2$. Da die zweite Lösung den größeren Wert für $a^{(1)}$ liefert, wählen wir diese, d. h. wir setzen $b_1 = (l+1)\,\hbar$.

Aus dem Vergleich der beiden Ausdrücke für A_{j+1} folgt

$$\theta_{j+1}^* \theta_{j+1} + a^{(j+1)} = \theta_j \theta_j^* + a^{(j)} ,$$

so daß wir a_{j+1} und b_{j+1} so wählen müssen, daß

$$a_{j+1} b_{j+1} = a_j b_j \quad \text{und} \quad b_{j+1}(b_{j+1} - \hbar) = b_j (b_j + \hbar) ;$$

$a^{(j+1)}$ ist dann gegeben durch die Beziehung

$$a^{(j+1)} + a_{j+1} = a^{(j)} + a_j^2 .$$

Es existieren wieder zwei Lösungen: Entweder (1) ist

$$b_{j+1} = -b, \quad a_{j+1} = -a_j \quad \text{und} \quad a^{(j+1)} = a^{(j)}$$

oder es ist (2)

$$\begin{aligned} b_{j+1} &= b_j + \hbar = \cdots = b_1 + j\hbar = (l + 1 + j)\,\hbar , \\ a_{j+1} b_{j+1} &= a_j b_j = \cdots = a_1 b_1 = -c , \\ a^{(j+1)} + a_{j+1}^2 &= a^{(j)} + a_j^2 = \cdots = a^{(1)} + a_1^2 = 0 , \end{aligned}$$

d. h.

$$b_j = (l+j)\hbar\,,\quad a_j = -c/[(l+j)\hbar] \quad \text{und} \quad a^{(j)} = -c^2/[(l+j)\hbar]^2.$$

Die erste der beiden Lösungen ist offensichtlich unannehmbar, so daß die Eigenwerte E der Energie durch

$$2m(E-T) = -c^2/[(l+j)\hbar]^2$$

gegeben sind mit $l \geqq 0$ und $j > 0$. Für ein ruhendes Wasserstoffatom mit $T = 0$ ist

$$E = -\frac{mZ^2e^4}{2(l+j)^2\hbar^2}.$$

Zusätzlich zu diesen diskreten Energieniveaus gibt es nach den Untersuchungen in Abschnitt 4.2 noch eine andere Möglichkeit für die Werte von a: Der Eigenwert a kann oberhalb der Schranke (Null) der diskreten $a^{(j)}$ jeden beliebigen Wert annehmen. Es gibt also auch noch positive Eigenwerte E der Energie von unbeschränkter Größe. Diese gehören zu Zuständen, in denen das Elektron nicht gebunden ist, d. h. zum ionisierten Wasserstoffatom.

Aus den Untersuchungen in Abschnitt 4.2 entnehmen wir, daß der Eigenvektor $\psi^{(j)}$ durch

$$\psi^{(j)} = \theta_1^*\theta_2^*\ldots\theta_{j-1}^*\phi^{(j-1)}, \quad \psi^{(1)} = \phi^{(0)}$$

gegeben ist mit

$$\theta_j\phi^{(j-1)} = 0\,,$$

d. h.

$$[p_r + \mathrm{i}(a_j + b_j/r)]\phi^{(j-1)} = 0\,.$$

Mit diesen Angaben können die Eigenvektoren auf dem in der folgenden Übung angegebenen Weg konstruiert werden.

Übung 20. χ sei der Eigenvektor von p_r zum Eigenwert Null, d. h. $p_r\chi = 0$. Zeige, daß $\phi^{(j-1)} = r^{l+j}\exp(a_jr/\hbar)\,\chi$ ist.

6.2 Das Deuteron

Das Deuteron ist der gebundene Zustand des Systems Proton-Neutron. Da das Neutron ungeladen ist, sind keine elektrostatischen Kräfte vorhanden. Daher sind nur die kurzreichweitigen Kernkräfte in Rechnung zu stellen. Obwohl deren Einzelheiten durch Spinabhängigkeit, Paarproduktion innerhalb des Kernes etc. sehr verwickelt sind, kann die Wechselwirkungsenergie von Proton und Neutron in guter Näherung durch das Hulthénsche Potential

$$V(r) = -\frac{g\mu^2}{e^{\mu r}-1}$$

beschrieben werden; dabei ist g eine bekannte Konstante und μ die mit $c/\hbar$ multiplizierte Masse des π-Mesons (c = Lichtgeschwindigkeit). Aus dem kleinen elektrischen Quadrupolmoment des Deuterons kann man folgern, daß im Zustand des Deuterons der Eigenwert Null von $\mathbf{L}^2$ überwiegt; die kleine Wahrscheinlichkeit für den Eigenwert $6\hbar^2$ von $\mathbf{L}^2$ vernachlässigen wir. Die Energie eines ruhenden Deuterons wird daher repräsentiert durch

$$H = p_r^2/(2m) + V(r),$$

wobei die reduzierte Masse m etwa die *Hälfte* der Protonmasse beträgt. Wir haben also die Eigenwerte von

$$A = p_r^2 - c\mu^2/(e^{\mu r} - 1)$$

für $c = 2mg$ zu bestimmen. Diesmal machen wir den Ansatz

$$\theta_j = p_r + \mathrm{i}\, a_j + \mathrm{i}\, b_j/(\mathrm{e}^{\mu r} - 1)$$

und erhalten

$$\begin{aligned}\theta_j^* \theta_j &= p_r^2 + [a_j + b_j/(\mathrm{e}^{\mu r} - 1)]^2 + \mathrm{i}\, b_j [p_r, (\mathrm{e}^{\mu r} - 1)^{-1}] \\ &= p_r^2 + a_j^2 + 2 a_j b_j/(\mathrm{e}^{\mu r} - 1) + b_j^2/(\mathrm{e}^{\mu r} - 1)^2 - \\ &\quad - b_j \hbar \mu\, \mathrm{e}^{\mu r}/(\mathrm{e}^{\mu r} - 1)^2 \\ &= p_r^2 + a_j^2 + (2 a_j - \hbar\mu)\, b_j/(\mathrm{e}^{\mu r} - 1) + \\ &\quad + b_j (b_j - \hbar\mu)/(\mathrm{e}^{\mu r} - 1)^2 .\end{aligned}$$

Ähnlich

$$\begin{aligned}\theta_j \theta_j^* = p_r^2 + a_j^2 + (2 a_j + \hbar\mu)\, b_j/(\mathrm{e}^{\mu r} - 1) \\ + b_j (b_j + \hbar\mu)/(\mathrm{e}^{\mu r} - 1)^2 .\end{aligned}$$

Da $A = \theta_1^* \theta_1 + a^{(1)}$, finden wir, da der Wert $b_1 = 0$ auszuschließen ist, $b_1 = \hbar\mu$, $(2a_1 - \hbar\mu) b_1 = -2c$ und $a^{(1)} + a_1^2 = 0$. Also ist $a_1 = \frac{1}{2}\hbar\mu - c/(\hbar\mu)$ und $a^{(1)} = -[c/(\hbar\mu) - \frac{1}{2}\hbar\mu]^2$. Das ist die negative Bindungsenergie des Deuterons.

Übung 21. Bestimme $a^{(2)}$ und daraus die Bedingung, die c erfüllen müßte, falls es einen zweiten gebundenen Zustand des Deuterons gäbe. (Diese Bedingung ist in Wirklichkeit nicht erfüllt: Das Deuteron hat nur einen gebundenen Zustand. Jedoch sind angeregte Niveaus im Hinblick auf die Theorie der Neutron-Proton-Streuung von Interesse.)

6.3 Teilchen in einem Kasten

Wir betrachten ein Teilchen, das in einem rechtwinkligen Kasten eingeschlossen ist. Die Eigenwerte λ_q einer beliebigen Koordinate q liegen alle in dem Intervall $-\frac{1}{2} l < \lambda_q < \frac{1}{2} l$, wenn l die Länge des

Kastens in einer Richtung bezeichnet. Die zu dieser Richtung gehörige kinetische Energie ist

$$H = p^2/(2m).$$

(Die Gesamtenergie ist die Summe dreier Ausdrücke dieser Form, die miteinander kommutieren und daher gemeinsame Eigenvektoren haben.) Um die Eigenwerte von $A = 2mH = p^2$ aufzufinden, versuchen wir den Ansatz

$$\theta_j = p + \mathrm{i}\, a_j \operatorname{tg}(b_j q).$$

Da der Tangens für die Argumente $-\pi/2$ und $\pi/2$ nicht existiert, dürfen die Extremwerte von $b_j q$ nämlich $\pm \frac{1}{2} b_j l$ nicht $< -\pi/2$ bzw. $> \pi/2$ werden, d. h. es muß $|b_j| \leqq \pi/l$ sein. Wir erhalten

$$\begin{aligned} \theta_j^* \theta_j &= p^2 + a_j^2 \tan^2(b_j q) + \mathrm{i}\, a_j [p, \tan(b_j q)] \\ &= p^2 + a_j^2 \tan^2(b_j q) + a_j b_j \hbar \sec^2(b_j q) \\ &= p^2 + a_j b_j \hbar + a_j(a_j + b_j \hbar) \tan^2(b_j q) \end{aligned}$$

und

$$\theta_j \theta_j^* = p^2 - a_j b_j \hbar + a_j(a_j - b_j \hbar) \tan^2(b_j q).$$

Da

$$\theta_1^* \theta_1 + a^{(1)} = p^2,$$

müssen wir $a_1(a_1 + b_1 \hbar) = 0$ setzen, d. h. (indem wir $a_1 = 0$ verwerfen) $a_1 = -b_1 \hbar$. Ferner gilt $a_1 b_1 h + a^{(1)} = 0$, so daß $a^{(1)} = a_1^2 = (b_1 h)^2$ ist. Wir erhalten den größten Wert für $a^{(1)}$, indem wir für b_1 den größten Wert wählen, der, wie schon erwähnt, gleich π/l ist. Also ist $a^{(1)} = (\pi \hbar/l)^2$.

Nunmehr benutzen wir die Relation

$$\theta_{j+1}^* \theta_{j+1} + a^{(j+1)} = \theta_j \theta_j^* + a^{(j)},$$

die uns zwingt, $b_{j+1} = b_j$ und $a_{j+1}(a_{j+1} + b_{j+1}\hbar) = a_j(a_j - b_j \hbar)$ zu setzen, und die zeigt, daß die Eigenwerte die Gleichungen

$$a^{(j+1)} + a_{j+1} b_{j+1} \hbar = a^{(j)} - a_j b_j \hbar$$

d. h.

$$a^{(j+1)} - a^2_{j+1} = a^{(j)} - a_j^2 = \cdots = a^{(1)} - a_1^2 = 0$$

erfüllen. Also ist $a^{(j)} = a_j^2$, woraus mit $b_{j+1} = b_j = \cdots = b_1 = \pi/l$ folgt

$$a_{j+1}(a_{j+1} + \pi \hbar/l) = a_j(a_j - \pi \hbar/l).$$

Indem wir die Lösung $a_{j+1} = -a_j$ verwerfen, erhalten wir

$$a_{j+1} = a_j - \pi \hbar/l = \cdots = a_1 - j \pi \hbar/l = -(j+1)\pi \hbar/l.$$

Also ist $a_j = -j\pi\hbar/l$ und

$$a^{(j)} = (j\pi\hbar/l)^2.$$

Die Zahlen $(j\pi\hbar/l)^2/(2m)$ sind für positives ganzzahliges j die Eigenwerte der Energie H. Für einen Kasten mit den Seitenlängen l_1, l_2, l_3 lauten die Eigenwerte E der Gesamtenergie:

$$E = (j_1^2/l_1^2 + j_2^2/l_2^2 + j_3^2/l_3^2)\,(\pi\hbar)^2/(2m)$$

worin j_1, j_2 und j_3 positive ganze Zahlen sind.

Übung 22. Es sei $\theta_1\phi^{(0)} = 0$ und $\phi^{(j)} = \cos^j(b_1 q)\phi^{(0)}$. Zeige, daß $\theta_j\phi^{(j-1)} = 0$ ist und drücke die Eigenvektoren $\psi^{(j)}$ zum Eigenwert $a^{(j)}$ durch $\psi^{(1)}$ aus.

6.4 Störungstheorie

Nur die einfachsten Probleme der Matrizenmechanik sind exakt lösbar, so daß man sehr oft Näherungsmethoden verwenden muß. Eine der nützlichsten ist die Störungstheorie. Ihr liegt folgender Gedanke zugrunde: Nehmen wir an, wir können die Eigenwerte und Eigenvektoren von H nicht exakt angeben, aber H sei in der Form $H = H_0 + \alpha V$ darstellbar, wobei die Eigenwerte und Eigenvektoren von H_0 bekannt sind und der numerische Parameter α als klein betrachtet werden kann. Dann können wir die Eigenwertgleichungen

$$H\psi^{(j)} = (H_0 + \alpha V)\,\psi^{(j)} = E^{(j)}\,\psi^{(j)} \tag{6.1}$$

lösen, indem wir $\psi^{(j)}$ und $E^{(j)}$ nach Potenzen von α entwickeln:

$$\begin{aligned}\psi^{(j)} &= \psi_0^{(j)} + \alpha\,\psi_1^{(j)} + \alpha^2\,\psi_2^{(j)} + \cdots,\\ E^{(j)} &= E_0^{(j)} + \alpha\,E_1^{(j)} + \alpha^2\,E_2^{(j)} + \cdots.\end{aligned}$$

Setzen wir diese Ausdrücke in Gl. (6.1) ein, so erhalten wir

$$\begin{aligned}&(H_0 + \alpha V - E_0^{(j)} - \alpha\,E_1^{(j)} - \alpha^2\,E_2^{(j)} - \cdots)\\ &\qquad\cdot\,(\psi_0^{(j)} + \alpha\,\psi_1^{(j)} + \alpha^2\,\psi_2^{(j)} + \cdots) = 0\,.\end{aligned}$$

Da diese Gleichung für alle Werte von α gilt, können wir die Koeffizienten der verschiedenen Potenzen von α gleich Null setzen. Wir erhalten so

$$\begin{aligned}(H_0 - E_0^{(j)})\,\psi_0^{(j)} &= 0\,,\\ (H_0 - E_0^{(j)})\,\psi_1^{(j)} + (V - E_1^{(j)})\,\psi_0^{(j)} &= 0\,,\\ (H_0 - E_0^{(j)})\,\psi_2^{(j)} + (V - E_1^{(j)})\,\psi_1^{(j)} - E_2^{(j)}\,\psi_0^{(j)} &= 0\,,\end{aligned} \tag{6.2}$$

etc. Die erste Gleichung besagt, daß $E_0^{(j)}$ der bekannte Eigenwert von H_0 ist zum ebenfalls bekannten Eigenvektor $\psi_0^{(j)}$. Aus der zweiten Gleichung können wir $E_1^{(j)}$ und $\psi_1^{(j)}$ bestimmen. Multiplizieren wir diese nämlich mit $\psi_0^{(j)*}$ und beachten wir, daß

$$\psi_0^{(j)*} H_0 \psi_1^{(j)} = (H_0 \psi_0^{(j)})^* \psi_1^{(j)} = E_0^{(j)} \psi_0^{(j)*} \psi_1^{(j)},$$

so erhalten wir mit einem normierten $\psi_0^{(j)}$

$$\psi_0^{(j)*} (V - E_1^{(j)}) \psi_0^{(j)} = 0,$$

d. h.

$$E_1^{(j)} = \psi_0^{(j)*} V \psi_0^{(j)}.$$

Multiplizieren wir die zweite Gleichung in (6.2) mit $\psi_0^{(k)*}$, wobei $k \neq j$, d. h. $\psi_0^{(k)*} \psi_0^{(j)} = 0$, so erhalten wir

$$(E_0^{(k)} - E_0^{(j)}) \psi_0^{(k)*} \psi_1^{(j)} + \psi_0^{(k)*} V \psi_0^{(j)} = 0,$$

d. h.

$$\psi_0^{(k)*} \psi_1^{(j)} = (E_0^{(j)} - E_0^{(k)})^{-1} \psi_0^{(k)*} V \psi_0^{(j)}$$

und daraus

$$\begin{aligned} \psi_1^{(j)} &= \Sigma_k (\psi_0^{(k)*} \psi_1^{(j)}) \psi_0^{(k)} \\ &= \Sigma_k (E_0^{(j)} - E_0^{(k)})^{-1} (\psi_0^{(k)*} V \psi_0^{(j)}) \psi_0^{(k)}. \end{aligned}$$

Aus der dritten Gleichung (6.2) können wir in entsprechender Weise $E_2^{(j)}$ und $\psi_2^{(j)}$ berechnen, etc. Ist nun die potentielle Energie αV klein verglichen mit H_0, so sind in guter Näherung $E_0^{(j)} + \alpha E_1^{(j)}$ und $\psi_0^{(j)} + \alpha \psi_1^{(j)}$ die Eigenwerte und zugehörigen Eigenfunktionen von H.

Diese Methode findet zahlreiche Anwendungen. Sie wird z. B. benutzt, um den Einfluß des vernachlässigten Beitrages der Energie in Abschnitt 3.4 (1) zu bestimmen. Ein anderer wichtiger Anwendungsbereich sind Streuprobleme. Hier ist H_0 gewöhnlich die Summe der kinetischen Energien zweier schwach miteinander wechselwirkenden Teilchen und αV ihre Wechselwirkungsenergie. $\psi_0^{(j)}$ ist der Zustandsvektor der nicht-streuenden Teilchen und $\psi_1^{(j)}$ beschreibt approximativ den Zustand der Teilchen, wenn Streuung stattfand. Bei Anwendungen dieser Art ist man häufig an der sogenannten S-Matrix interessiert. Dies ist die Matrix $\psi_0^{(k)*} S \psi_0^{(j)}$, die den Operator S, der durch die Gleichung $\psi^{(j)} = S \psi_0^{(j)}$ definiert ist, darstellt. Entsprechend der obigen Rechnung erhält man approximativ

$$\begin{aligned} \psi_0^{(k)*} S \psi_0^{(j)} &= \psi_0^{(k)*} \psi^{(j)} = \delta_{jk} + \alpha \psi_0^{(k)*} \psi_1^{(j)} \\ &= \delta_{jk} + \alpha (E_0^{(j)} - E_0^{(k)})^{-1} \psi_0^{(k)*} V \psi_0^{(j)}. \end{aligned}$$

6.5 Kontinuierliche Darstellungen

In den bisherigen Anwendungsbeispielen haben wir mit Vektoren gerechnet, die höchstens abzählbar unendlich viele Komponenten besitzen. Zwar gibt es kein Problem, das nicht mit diesen Vektoren behandelt werden kann, doch ist es oft günstiger Darstellungen zu benutzen, in denen die Vektoren nicht-abzählbar unendlich viele Komponenten haben. ψ_k muß dann als eine Funktion $\psi(k)$ der kontinuierlichen Variablen k betrachtet werden. Die auf diese Vektoren angewandten Operatoren sind häufig Differential- oder Integraloperatoren. Ein wichtiger Spezialfall ist die Darstellung, in der die Komponenten des Zustandsvektors Eigenvektoren der Koordinatenvariablen sind; diese kommutieren miteinander und können daher simultane Eigenwerte haben. Man kann dann die Koordinaten als Zahlen statt als Operatoren behandeln. Die Vertauschungsregel

$$q_\alpha p_\beta - p_\beta q_\alpha = \mathrm{i}\hbar\,\delta_{\alpha\beta}$$

ist unter der Voraussetzung erfüllt, daß p_β der Differentialoperator ist

$$p_\beta = -\mathrm{i}\hbar \frac{\partial}{\partial q_\beta}.$$

Diese Darstellung, zusammen mit der zeitunabhängigen kanonischen Transformation des Abschnittes 4.1, wird in der Wellenmechanik benutzt. Es gibt aber noch andere kontinuierliche Darstellungen; eine ebenfalls häufig verwendete ist die, in der die Vektorkomponenten Eigenvektoren der Impulse sind. Bei dieser Darstellung können die Impulse p_β als Zahlen betrachtet werden, und die Koordinaten werden durch den Differentialoperator

$$q_\alpha = \mathrm{i}\hbar \frac{\partial}{\partial p_\alpha}$$

dargestellt.

Fast alle mathematischen Ableitungen dieses Buches gelten für beliebige spezielle Darstellungen. Sie sind unabhängig davon gültig, ob die Operatoren in Matrix-, Integral- oder Differentialdarstellung gegeben sind. Der mit der Wellenmechanik vertraute Student wird es lehrreich finden, überall Differentialoperatoren für die Impulse einzusetzen und die Darlegungen mit denjenigen zu vergleichen, die in den elementaren Büchern der Wellenmechanik benutzt werden.

Beispiele VI

1. Es sei $A = p^2 - 2\hbar k q^{-1} + l(l+1)\hbar^2 q^{-2}$, $qp - pq = \mathrm{i}\hbar$ und $\theta_1 = p + \mathrm{i}\hbar(l+1)q^{-1} - \mathrm{i}k/(l+1)$. Zeige, daß $A = \theta_1{}^* \theta_1 - k^2/(l+1)^2$ ist, und daß $-\mathrm{k}^2\,(l+1)^2$ der kleinste Eigenwert von A für $k > 0$ ist. Bestimme die anderen Eigenwerte. Setze $\hbar k = mZe^2$ und berechne die Energieniveaus des Wasserstoffatoms.

2. Ein Teilchen mit der Masse m befinde sich innerhalb einer großen Kugel mit dem Radius R, deren Mittelpunkt mit dem Koordinatenursprung zusammenfalle. Schreibe die Energie des Teil-

chens in der Form

$$H = (p_r^2 + \mathbf{L}^2/r^2)/(2m)$$

mit $r p_r - p_r r = i\hbar$. Nimm an, ψ_l sei ein Eigenvektor von H und $\mathbf{L}^2$ zum Eigenwert $\lambda_l/(2m)$ und $l(l+1)\hbar^2$, so daß

$$[p_r^2 + l(l+1)\,\hbar^2/r^2]\,\psi_l = \lambda_l\,\psi_l$$

ist.

Betrachte zunächst den Fall $l = 0$. Unter Berücksichtigung der Tatsache, daß die Eigenwerte von r zwischen 0 und R liegen, zeige, daß die richtige Form für θ_j

$$\theta_j = p_r + (\mathrm{i}\,j\,\pi\,\hbar/R)\,\mathrm{cotg}\,(\pi\,r/R)$$

ist, und daß der j-te Eigenwert durch

$$\lambda_0^{(j)} = (j\,\pi\,\hbar/R)^2\,, \quad j = 1, 2, 3, \ldots$$

gegeben ist.

3. Bestimme den niedrigsten Eigenwert des Beispiels 2 für ein beliebiges l in der folgenden Weise: Setze $\alpha_j = p_r + \mathrm{i}\,j\,\hbar/r$ und zeige, daß dadurch das Eigenwertproblem auf die Lösung der Gleichung

$$\alpha_l\,\alpha_l{}^*\,\psi_l = \lambda_l\,\psi_l$$

zurückgeführt wird. Beweise $\alpha_1^*\alpha_1 = p_r^2$ und $\alpha_{j+1}^*\alpha_{j+1} = \alpha_j\alpha_j^*$.

Folgere dann, daß

$$\psi_l^{(1)} = \alpha_l\,\alpha_{l-1}\ldots\alpha_1\,\phi_l$$

der Eigenvektor zum niedrigsten Eigenwert $\lambda^{(1)}$ ist, vorausgesetzt, daß ϕ_l der Gleichung

$$[p_r + \mathrm{i}\,c_l\,\hbar\,\mathrm{cotg}\,(c_l\,r)]\,\phi_l = 0$$

mit $c_l{}^2 = \lambda_l{}^{(1)}$ genügt. Beweise, daß

$$\psi_1^{(1)} = \mathrm{i}\,\hbar\,[r^{-1} - c_1\cot(c_1\,r)]\,\phi_1\,,$$
$$\psi_2^{(1)} = (\mathrm{i}\,\hbar)^2\,[3\,r^{-2} - 3\,c_2\,r^{-1}\cot(c_2\,r) - c_2^2]\,\phi_2\,,$$

und allgemein

$$\psi_l^{(1)} = (\mathrm{i}\,\hbar\,c_l)^l\,g_l(c_l\,r)\,\phi_l\,,$$

wobei $g_{l+1}(x)$ durch das gekoppelte Differentialgleichungssystem

$$g_{l+1}(x) = (l+1)\,g_l(x)/x - g_l(x)\cot g\,x - g_l'(x)$$

bestimmt wird. Folgere, daß c_l so gewählt werden muß, daß

$$\cot(c_l\,b) + g_l'(c_l\,b)/g_l(c_l\,b)$$

zwischen $-\infty$ und $+\infty$ variiert für $0 < b < R$ und daß $c_l\,R$ daher die kleinste positive Wurzel der transzendenten Gleichung $g_l(c_l R)=0$ ist.

4. Zeige, daß in der Bezeichnung der Beispiele 2. und 3. $\lambda_l^{(2)} = c_l^2$, wenn c_l die zweitkleinste positive Wurzel der Gleichung $g_l(c_l R) = 0$ ist. Verallgemeinere das Ergebnis und bestimme $\lambda_l^{(j)}$.

5. Betrachte ein Teilchen der Masse m, dessen potentielle Energie in einem Feld $V(r)$ ist, so daß das zu lösende Eigenwertproblem lautet

$$[p_r^2 + l(l+1)\hbar^2/r^2 + 2m\,V(r)]\,\psi_l = \lambda_l \psi_l$$

wobei λ_l den Eigenwert von $2mH$ bezeichnet. Nimm an, das Teilchen befinde sich in einer Kugel vom Radius R und zeige, daß für $l = 0$

$$\theta_j = p_r + \mathrm{i}\, f_j(r)$$

die richtige Form von θ_j ist mit

$$2m\,V(r) = [f_1(r)]^2 + \hbar f_1'(r) + \lambda_0^{(1)}$$

und

$$[f_{j+1}(r)]^2 + \hbar f'_{j-1}(r) + \lambda_0^{(j+1)} = [f_j(r)]^2 - \hbar f'_j(r) + \lambda_0^{(j)}.$$

6. Als potentielle Energie nimm ein Kastenpotential an, definiert durch die Bedingungen

$$\begin{aligned} V(b) &= -V \quad \text{für} \quad b < a \\ &= 0 \quad\quad \text{für} \quad b > a. \end{aligned}$$

Zeige, daß für $b \leqq a$ gilt $f_1(b) = c_1 \hbar \operatorname{cotg}(c_1 b)$ und daß $\lambda_0^{(1)} = c_1^2\hbar^2 - 2m\,V$. Es sei $\lambda_0^{(1)} > 0$, so daß es keine gebundene Zustände gibt. Zeige, daß für $b \geqq a$ gilt $f_1(b) = c_1'\hbar \operatorname{cotg}(c_1' b + \eta_1)$ und daß $\lambda_0^{(1)} = c_1'^2\hbar^2$ mit $c_1' R + \eta_1 = \pi$. Leite daraus ab, daß man die *Phasenverschiebung* η_1 durch Elimination aus den Gleichungen

$$\begin{aligned} c_1\hbar\cot(c_1 a) &= c_1'\hbar\cot(c_1' a + \eta_1), \\ c_1^2\hbar^2 - 2m\,V &= c_1'^2\hbar^2, \\ c_1' R + \eta_1 &= \pi, \end{aligned}$$

erhält. Dabei ist $c_1'^2\hbar^2/(2m)$ die Energie des Teilchens.

7. Mit $\lambda_0^{(1)} < 0$ zeige, daß $f_1(b) = (-\lambda_0^{(1)})^{1/2}$ ist für $b \geqq a$, und daß der Wert von c_1 durch die Gleichung

$$\sin(c_1 a) = \hbar c_1/(2m\,V)^{1/2}$$

gegeben ist. Bestimme die Energie des gebundenen Zustandes.

8. Unter der Annahme, daß es keinen gebundenen Zustand gibt, verallgemeinere die Analyse von Beispiel 6 und zeige, daß

$$f_j(b) = j\, c_j \hbar \cot(c_j b) \quad \text{für} \quad b \leqq a$$
$$f_j(b) = j\, c_j' \hbar \cot(c_j' b + \eta_j) \quad \text{für} \quad b \geqq a$$

und

$$\lambda_0^{(j)} = j^2 c_j^2 \hbar^2 - V = j^2 c_j'^2 \hbar^2 .$$

Folgere daraus, daß die Konstanten c_j, c_j' und η_j durch die Gleichungen

$$c_j \cot(c_j a) = c_j' \cot(c_j' a + \eta_j),$$
$$c_j^2 \hbar^2 - V/j^2 = c_j'^2 \hbar^2 ,$$
$$c_j' R + \eta_j = \pi .$$

gegeben sind.

9. Nimm im Beispiel 6. an, daß es einen zweiten gebundenen Zustand gibt. Bestimme den kleinsten Wert von V, für den dies eintreten kann, und berechne $\lambda_0^{(2)}$.

10. Prüfe, ob die Analyse der Beispiele 5., 6., 7., 8. und 9. auch für $l = 1$ gilt.

7. Relativistische Quantenmechanik

Die Newtonsche Mechanik sowohl als die gewöhnliche Quantenmechanik beruhen auf Prinzipien, zu denen zwei kinematische Postulate zählen:

(1) Die Zeit zwischen zwei Ereignissen ist eine physikalische Größe, deren Wert — in vorgegebenen Einheiten — wohl definiert und unabhängig vom Beobachter ist.

(2) Die Entfernung zwischen zwei gleichzeitigen Ereignissen ist eine physikalische Größe, deren Wert — in vorgegebenen Einheiten — wohl definiert und unabhängig vom Beobachter ist.

Der Begriff der „absoluten Gleichzeitigkeit" ist gebunden an die Vorstellung einer „absoluten Zeit", so daß das zweite Postulat die Gültigkeit des ersten voraussetzt. Die Postulate (1) und (2) stellen eine Beziehung zwischen der Beschreibung von Ereignissen durch Beobachter her, die sich relativ zueinander bewegen. Sind $\mathbf{x}$ und t der Vektor der räumlichen Entfernung sowie die Zeit zwischen zwei Ereignissen E_1 und E_2, die der Beobachter 0 gemessen hat, und sind $\mathbf{x}'$ und t' die entsprechenden Größen eines Beobachters 0′, der sich gegenüber 0 mit der Geschwindigkeit $\mathbf{v}$ bewegt, so kann aus den Postulaten (1) und (2) geschlossen werden, daß

$$t' = t \quad \text{und} \quad \mathbf{x}' = \mathbf{x} - \mathbf{v}\, t ;$$

dabei ist vorausgesetzt, daß die von den Beobachtern 0 und 0′ benutzten Koordinatenachsen parallel sind. Ist also $\mathbf{u} = \mathbf{x}/t$ die vom Beobachter 0 gemessene mittlere Geschwindigkeit, mit der ein Signal zwischen den Ereignissen E_1 und E_2 übertragen wird, so ist die vom Beobachter 0′ gemessene mittlere Geschwindigkeit gegeben durch $\mathbf{u}' = \mathbf{x}'/t' = \mathbf{u} - \mathbf{v}$. Experimentell findet man jedoch, daß die Geschwindigkeit eines Lichtsignales unabhängig vom Bewegungszustand des Beobachters ist. Ist also $|\mathbf{u}| = c$, so sollte man auch $|\mathbf{u} - \mathbf{v}| = c$ erhalten für jeden beliebigen Wert von $\mathbf{v}$. Daher müssen in der Relativitätstheorie die Postulate (1) und (2) verworfen und durch ein im Grunde einfacheres Postulat ersetzt werden.

(3) Das *Intervall* s zwischen zwei Ereignissen, das definiert ist durch $s = (t^2 - \mathbf{x}^2/c^2)^{1/2}$, ist eine physikalische Größe, die — in vorgegebenen Einheiten — denselben wohl definierten Wert für alle Beobachter hat, die sich kräftefrei bewegen.

Dieses Postulat hat folgende unmittelbare Konsequenz: Sind 0 und 0′ zwei Beobachter, die sich kräftefrei bewegen, und wird zwischen zwei Ereignissen E_1 und E_2 ein Signal mit der Geschwindigkeit c übermittelt derart, daß $|\mathbf{x}|/t = c$ ist für den Beobachter 0, so ist $s' = s = 0$ und somit auch $\mathbf{x}'/t' = c$ für den Beobachter 0′. Auf Grund der empirischen Erfahrung darf c also mit der Lichtgeschwindigkeit identifiziert werden. Das Postulat (3) führt zu den Relationen (Lorentz-Transformation genannt),

$$t' = \gamma(t - \mathbf{v}\cdot\mathbf{x}/c^2), \quad \gamma = (1 - \mathbf{v}^2/c^2)^{-1/2},$$
$$\mathbf{v}\cdot\mathbf{x}' = \gamma(\mathbf{v}\cdot\mathbf{x} - \mathbf{v}^2 t), \quad \mathbf{v}\times\mathbf{x}' = \mathbf{v}\times\mathbf{x},$$

die den räumlichen Abstandsvektor $\mathbf{x}$ und die Zeitdifferenz t für zwei Ereignisse, die der Beobachter 0 festgestellt hat, mit den entsprechenden Größen $\mathbf{x}'$ und t' des Beobachters 0′ verknüpft. Dabei ist vorausgesetzt, daß die Beobachter 0 und 0′ ihre Koordinatenachsen so gewählt haben, daß diese parallel verschoben werden.

Eine von unserem Standpunkt wichtige Anwendung dieser Ergebnisse ist folgende: Ist $\mathbf{dq}$ die Änderung des Ortes eines Teilchens im Zeitintervall dt, gemessen vom Beobachter 0, so ist das Intervall

$$ds = (dt^2 - \mathbf{dq}^2/c^2)^{1/2}$$
$$= (1 - \dot{\mathbf{q}}^2/c^2)^{1/2}\, dt$$

eine Invariante, d. h. es hat — in denselben Einheiten — den gleichen Wert für jeden Beobachter 0′, der sich kräftefrei bewegt; und es gilt

$$dt' = \gamma(dt - \mathbf{v}\cdot\mathbf{dq}/c^2),$$
$$\mathbf{v}\cdot\mathbf{dq}' = \gamma(\mathbf{v}\cdot\mathbf{dq} - v^2\, dt), \quad \mathbf{v}\times\mathbf{dq}' = \mathbf{v}\times\mathbf{dq}.$$

Ein weiterer Unterschied zwischen klassischer und relativistischer Mechanik betrifft die Form der Lagrange-Funktion, die nunmehr so zu wählen ist, daß die Bewegungsgleichungen für jeden kräftefrei bewegten Beobachter die gleiche Form haben. Dies erfordert, daß das Wirkungsintegral

$$A = \int_{t_0}^{t} L\,dt$$

unabhängig vom Bewegungszustand des Beobachters ist. Für ein einzelnes Teilchen, das keinen Kräften unterliegt, ist das offensichtlich der Fall, wenn

$$\begin{aligned} L &= -mc^2\,ds/dt \\ &= -mc^2(1-\dot{\mathbf{q}}^2/c^2)^{1/2}. \end{aligned}$$

Obgleich dieser Ausdruck recht verschieden aussieht von der nicht-relativistischen Lagrange-Funktion $L_n = \frac{1}{2} m\dot{\mathbf{q}}^2$ eines freien Teilchens, so sieht man dennoch leicht, daß für $\dot{\mathbf{q}}^2/c^2 \ll 1$ die Differenz $L_n - L \approx mc^2$ eine Konstante ist und daher nicht in den Bewegungsgleichungen auftritt.

Die einzigen Kräfte, die wir im folgenden betrachten, sind elektromagnetischer Natur. Wir nehmen an, daß die Maxwellschen Gleichungen, d. h. unter anderem

$$\operatorname{rot}\mathbf{E} = -\dot{\mathbf{B}}/c\,, \quad \operatorname{div}\mathbf{B} = 0\,,$$

worin $\mathbf{E}$ den Vektor der elektrischen Feldstärke und $\mathbf{B}$ den der magnetischen Induktion bezeichnen, unverändert bleiben. Diese Gleichungen können durch den üblichen Ansatz

$$\mathbf{E} = -\operatorname{grad}\phi - \dot{\mathbf{A}}/c\,, \quad \mathbf{B} = \operatorname{rot}\mathbf{A}$$

befriedigt werden, wobei ϕ und $\mathbf{A}$ das skalare und das Vektorpotential sind. Diese Potentiale sind nur dann vollständig bestimmt, wenn ihnen eine weitere Bedingung auferlegt wird; die *Lorentzbedingung*

$$\operatorname{grad}\mathbf{A} = -\dot{\phi}/c$$

wird bei relativistischen Problemen bevorzugt.

Als relativistische Lagrangesche Funktion eines Teilchens der Ladung e, das sich im elektromagnetischen Feld befindet, benützen wir

$$L = -mc^2(1-\dot{\mathbf{q}}^2/c^2)^{1/2} - e\phi(\mathbf{q}) + e\dot{\mathbf{q}}\cdot\mathbf{A}(\mathbf{q})/c;$$

$\phi(\mathbf{q})$ und $\mathbf{A}(\mathbf{q})$ sind die Werte der Potentiale ϕ und $\mathbf{A}$ am Orte $\mathbf{q}$ des Teilchens. Diese Lagrange-Funktion unterscheidet sich von der entsprechenden nicht-relativistischen nur durch das Auftreten des Termes $-mc^2(1-\dot{\mathbf{q}}^2/c^2)$ anstelle von $\frac{1}{2}m\dot{\mathbf{q}}^2$. Den Impuls des Teilchens erhält man in der üblichen Weise durch Differentiation von L nach $\dot{\mathbf{q}}$:

$$\mathbf{p} = m\dot{\mathbf{q}}(1-\dot{\mathbf{q}}/c^2)^{-1/2} + e\mathbf{A}(\mathbf{q})/c\,.$$

Die Bewegungsgleichungen sind

$$\frac{d\mathbf{p}}{dt} = \frac{\partial L}{\partial \mathbf{q}} = -e\frac{\partial}{\partial \mathbf{q}}[\phi(\mathbf{q}) - \mathbf{q}\cdot\mathbf{A}(\mathbf{q})/c]\,.$$

Da

$$\frac{d\mathbf{A}(\mathbf{q})}{dt} = \dot{\mathbf{A}}(\mathbf{q}) + \dot{\mathbf{q}}\cdot\frac{\partial}{\partial \mathbf{q}}\mathbf{A}(\mathbf{q})$$

und

$$\frac{\partial}{\partial \mathbf{q}}[\dot{\mathbf{q}}\cdot\mathbf{A}(\mathbf{q})] - \dot{\mathbf{q}}\cdot\frac{\partial}{\partial \mathbf{q}}\mathbf{A}(\mathbf{q}) = \dot{\mathbf{q}}\times\mathbf{B}(\mathbf{q})$$

($\mathbf{B} = \mathrm{rot}\,\mathbf{A}$!), können die Bewegungsgleichungen auch in der Form

$$\frac{d}{dt}\left[\frac{m\dot{\mathbf{q}}}{(1-\dot{\mathbf{q}}^2/c^2)^{1/2}}\right] = e[\mathbf{E}(\mathbf{q}) + \dot{\mathbf{q}}\times\mathbf{B}(\mathbf{q})/c]$$

geschrieben werden. Schließlich lautet die Energie des Teilchens

$$\begin{aligned} H &= \dot{\mathbf{q}}\cdot\mathbf{p} - L \\ &= mc^2(1-\dot{\mathbf{q}}^2/c^2)^{-1/2} + e\phi(\mathbf{q})\,. \end{aligned}$$

Ist $\dot{\mathbf{q}}^2/c^2 \ll 1$, so kann man die Näherung $(1-\dot{\mathbf{q}}^2/c^2)^{-1/2} \approx 1 + \frac{1}{2}\dot{\mathbf{q}}^2/c^2$ in die Hamiltonfunktion einsetzen und erhält $H \approx mc^2 + \frac{1}{2}m\dot{\mathbf{q}}^2 + e\phi(\mathbf{q})$. Dies unterscheidet sich vom nicht-relativistischen Ausdruck $H_n = \frac{1}{2}m\dot{\mathbf{q}}^2 + e\phi(\mathbf{q})$ nur durch den Beitrag mc^2. Die Energie kann auch in der Hamiltonschen Form ausgedrückt werden, indem man $\mathbf{q}$ durch den Impuls $\mathbf{p}$ ersetzt:

$$H = c\{m^2c^2 + [\mathbf{p} - e\mathbf{A}(\mathbf{q})/c]^2\}^{1/2} + e\phi(\mathbf{q})\}\,.$$

In unserem kurzen Abriß der klassischen relativistischen Mechanik eines Teilchens sind natürlich $\mathbf{q}$, $\dot{\mathbf{q}}$ und $\mathbf{p}$ als gewöhnliche Variable, d. h. als Zahlen, und nicht als Operatoren aufzufassen. Im restlichen Teil dieses Kapitels werden wir die quantenmechanische Verallgemeinerung untersuchen.

7.1 Übergang zur Quantenmechanik

In der relativistischen Quantenmechanik werden die Impulsformeln

$$\mathbf{p} = m\dot{\mathbf{q}}(1-\dot{\mathbf{q}}/c^2)^{-1/2} + e\mathbf{A}(\mathbf{q})/c$$

sowie der Energie-Ausdruck

$$H = c\{m^2c^2 + [\mathbf{p} - e\mathbf{A}(\mathbf{q})/c]^2\}^{1/2} + e\phi(\mathbf{q})$$

unverändert aus der klassischen Theorie übernommen; $\mathbf{q}$, $\dot{\mathbf{q}}$ und $\mathbf{p}$

sind jedoch Operatoren, die nicht miteinander kommutieren. Die Vertauschungsregel

$$LH - HL = \mathrm{i}\hbar \frac{dL}{dt}$$

der nicht-relativistischen Theorie bleibt unverändert gültig. Insbesondere muß also die Gleichung

$$\mathbf{q} H - H \mathbf{q} = \mathrm{i}\hbar \dot{\mathbf{q}}$$

erfüllt sein. Diese Relation wird in der Tat erfüllt, wenn

$$q_\alpha p_\beta - p_\beta q_\alpha = \mathrm{i}\hbar\, \delta_{\alpha\beta};$$

denn damit erhält man die Gleichung

$$\begin{aligned} \mathbf{q} H - H \mathbf{q} &= \mathrm{i}\hbar \frac{\partial H(\mathbf{q};\mathbf{p})}{\partial \mathbf{p}} \\ &= \mathrm{i}\hbar c[\mathbf{p} - e\mathbf{A}(\mathbf{q})/c]\{m^2c^2 + [\mathbf{p} - e\mathbf{A}(\mathbf{q})/c]^2\}^{-1/2} \end{aligned}$$

deren rechte Seite sich durch Elimination von $\mathbf{p}$ auf $\mathrm{i}\hbar\dot{\mathbf{q}}$ reduziert. Weiter muß

$$\mathrm{i}\hbar \mathbf{p} = \mathbf{p} H - H \mathbf{p}$$

gelten, was zu der Relation

$$\frac{\partial \mathbf{p}}{dt} = - \frac{\partial H(\mathbf{q},\mathbf{p})}{\partial \mathbf{q}}$$

führt, welche die klassische Bewegungsgleichung in Operatorform ist.

Ginge es in der Quantenmechanik darum, die Operatoren $\mathbf{q}$ und $\mathbf{p}$ zur Zeit t aus den vorgegebenen „Werten“ $\mathbf{q}_0$ und $\mathbf{p}_0$ zur Zeit t_0 zu bestimmen, so könnten wir die Lösung sofort niederschreiben

$$\begin{aligned} \mathbf{q} &= \exp[\mathrm{i}H(t - t_0)/\hbar]\, \mathbf{q}_0 \exp[-\mathrm{i}H(t - t_0)/\hbar], \\ \mathbf{p} &= \exp[\mathrm{i}H(t - t_0)/\hbar]\, \mathbf{p}_0 \exp[-\mathrm{i}H(t - t_0)/\hbar]. \end{aligned}$$

Die Probleme, die es zu lösen gilt, sind jedoch nicht die gleichen wie in der klassischen Mechanik. Im wesentlichen ist man an der Bestimmung der Eigenwerte und der Eigenvektoren der Energie interessiert.

7.2 Teilchen und Antiteilchen

Wir betrachten zunächst ein neutrales Teilchen oder ein geladenes Teilchen ohne elektromagnetisches Feld. Dann ist

$$H = c(m^2c^2 + \mathbf{p}^2)^{1/2}.$$

Die Quadratwurzel, die im relativistischen Hamiltonoperator auftritt, ist mehrdeutig: Es gibt natürlich nicht nur eine Quadratwurzel eines Operators oder auch nur zwei, wie bei einer Zahl. Indem wir versuchen uns klar zu machen, um welche Quadratwurzel es sich handelt, werden wir Möglichkeiten mit wichtigen physikalischen Konsequenzen entdecken.

Sei ψ ein Eigenvektor von H zum Eigenwert E, so daß

$$H\psi = E\psi;$$

dann ist $c^2(m^2c^2 + \mathbf{p}^2)\psi = H^2\psi = HE\psi = E^2\psi$ d.h.

$$(E^2/c^2 - m^2c^2)\psi = \mathbf{p}^2\psi.$$

Nun haben wir in 6.3 für ein in ein rechtwinkliges Volumen mit den Seitenlängen l_1, l_2 und l_3 eingeschlossenes Teilchen gezeigt, daß die Eigenwerte von p_1, p_2 und p_3

$$k_1 = j_1\pi\hbar/l_1, \quad k_2 = j_2\pi\hbar/l_2 \quad \text{und} \quad k_3 = j_3\pi\hbar/l_3$$

mit ganzen Zahlen j_1, j_2 und j_3 sind. Daher ist

$$E^2/c^2 - m^2c^2 = \mathbf{k}^2,$$

$$\mathbf{k}^2 = k_1^2 + k_2^2 + k_3^2 = (j_1^2/l_1^2 + j_2^2/l_2^2 + j_3^2/l_3^2)\pi^2\hbar^2$$

und

$$E = \pm c(m^2c^2 + \mathbf{k}^2)^{1/2}.$$

Seien ψ_+ und ψ_- die Eigenvektoren zu den Eigenwerten

$$+c(m^2c^2 + \mathbf{k}^2)^{1/2} \quad \text{bzw.} \quad -c(m^2c^2 + \mathbf{k}^2)^{1/2},$$

so daß

$$H\psi_+ = c(m^2c^2 + \mathbf{k}^2)^{1/2}\psi_+,$$
$$H\psi_- = -c(m^2c^2 + \mathbf{k}^2)^{1/2}\psi_-.$$

Die letzte Gleichung könnte man in dem Sinne deuten, daß im Zustand zum Eigenvektor ψ_- der gemessene Wert der Energie negativ ist. Aber die Existenz von Teilchen mit negativer Energie ist aus zwingenden physikalischen Gründen auszuschließen:

(1) Die Existenz dieser Teilchen würde es erlauben, das Prinzip der Kausalität zu verletzen: Nehmen wir z. B. an, solche Teilchen würden von der Erde emittiert und von der Sonne absorbiert. Dann würden wir feststellen, daß die Erde wärmer wird, *bevor* die Sonne ihre Energie abgegeben hat.

(2) Bei der Streuung eines Teilchens negativer Energie an einem System positiver Energie wie an einem Wasserstoffatom, wäre es dem Teilchen negativer Energie möglich, Impuls zu gewinnen und gleichzeitig Energie und Impuls auf das Atom zu übertragen, ohne den Impulserhaltungssatz zu verletzen. Dann wäre aber die unphysikalische Möglichkeit realisiert, aus dem Nichts unbeschränkte Beträge an Energie zu gewinnen.

(3) Wir wissen aus der Erfahrung, daß es einen Zustand niedrigster Energie, das Vakuum gibt, dem man konventioneller Weise die Energie Null zuschreibt. Existierten Teilchen negativer Energie, so gäbe es keinen Zustand tiefster Energie.

Man muß daher zugeben, daß der Vektor ψ_- keinem physikalischen Zustand zugeordnet werden kann. Dennoch kann man die zusätzliche Lösung des Eigenwertproblems, welche die spezielle Relativitätstheorie zuläßt, nicht einfach verwerfen.

Um aus dieser Verlegenheit einen Ausweg zu finden, führen wir den Operator C ein, der die Eigenschaft hat, mit $(1 - \dot{\mathfrak{q}}^2/c^2)^{1/2}$ zu antikommutieren, mit $\mathfrak{q}$ und $\dot{\mathfrak{q}}$ aber vertauschbar zu sein:

$$C^2 = 1\,;$$
$$(1 - \mathfrak{q}^2/c^2)^{1/2} C + C(1 - \dot{\mathfrak{q}}^2/c^2)^{1/2} = 0\,;$$
$$\mathfrak{q}\,C - C\,\mathfrak{q} = \dot{\mathfrak{q}}\,C - C\dot{\mathfrak{q}} = 0\,.$$

Diese Gleichungen sollen für geladene wie für ungeladene Teilchen gelten, unabhängig davon, ob ein elektromagnetisches Feld vorhanden ist oder nicht. Nehmen wir zunächst an, wir hätten ein ungeladenes Teilchen oder es sei kein elektromagnetisches Feld vorhanden, so daß $H = m c^2 (1 - \dot{\mathfrak{q}}^2/c^2)^{1/2}$ ist. Dann ist $HC + CH = 0$ und

$$H(C\psi_-) = -\,CH\psi_- = c(m^2c^2 + \mathbf{k}^2)^{1/2}(C\psi_-)\,.$$

Es gibt also zwei Vektoren ψ_+ und $C\psi_-$, die Eigenvektoren von H zum gleichen *positiven* Energieeigenwert $c(m^2c^2 + \mathbf{k}^2)^{1/2}$ sind. Gewöhnlich sind ψ_+ und $C\psi_-$ verschieden und werden verschiedenen physikalischen Objekten zugeordnet. Schreiben wir ψ_+ einem speziellen physikalischen Teilchen zu, so werden wir sagen, daß $C\psi_-$ das zugehörige *Antiteilchen* beschreibt. Die Existenz von Antiteilchen war eine zuerst von DIRAC ausgesprochene Vorhersage der relativistischen Quantenmechanik. Alle in der Natur vorkommenden Teilchen haben Antiteilchen: So ist das Positron das Antiteilchen des Elektrons und das negative Pion das Antiteilchen des positiven Pions. Nur das Photon und das neutrale Pion haben Antiteilchen, die von den Teilchen selbst nicht verschieden sind ($C\psi_- = \psi_+$).

Nehmen wir nun an, wir haben es mit geladenen Teilchen in einem elektromagnetischen Feld zu tun. Es gibt wieder Eigenvektoren ψ_+ und ψ_- von H zu den Eigenwerten E_+ und E_-, die in die Werte $c(m^2c^2 + \mathbf{k}^2)^{1/2}$ bzw. $-c(m^2c^2 + \mathbf{k}^2)^{1/2}$ übergehen, wenn das elektromagnetische Feld verschwindet:

$$H\psi_+ = E_+\psi_+\,,$$
$$H\psi_- = E_-\psi_-\,.$$

Der Eigenvektor ψ_- selbst ist physikalisch nicht zulässig, sondern nur der mit dem Operator C multiplizierte. Es sei nämlich

$$H' = mc^2(1 - \dot{\mathfrak{q}}^2/c^2)^{-1/2} - e\phi\,,$$
$$\mathfrak{p}' = m\dot{\mathfrak{q}}(1 - \dot{\mathfrak{q}}^2/c^2)^{-1/2} - eA\,,$$

dann ist

$$\mathfrak{p}'(C\psi_-) = -C\mathfrak{p}\psi_-$$

und

$$H'(C\psi_-) = -CH\psi_- = -E_-(C\psi_-)\,.$$

Setzen wir daher

$$\psi'_- = C\psi_-\,,\quad E' = -E_-\,,$$

so ist

$$H'\psi'_- = E'\psi'_-\,,$$

wobei

$$H' = \{m^2c^2 + (\mathfrak{p}' + e\mathbf{A}/c)^2\}^{1/2} - e\phi\,.$$

Also ist ψ'_- der Eigenvektor von H', der der Hamiltonoperator eines Teilchens der Masse m und der Ladung $-e$ ist, d. h. des Antiteilchens des Teilchens mit dem Hamiltonoperator H.

Der Operator C, der *Ladungskonjugationsoperator* genannt wird, hat dieselben Eigenschaften, wie der in 1.4 eingeführte, ebenfalls mit C bezeichnete Operator. Aus $\mathfrak{q}H - H\mathfrak{q} = \mathrm{i}\hbar\dot{\mathfrak{q}}$ und $\mathfrak{q}H' - H'\mathfrak{q} = \mathrm{i}\hbar\dot{\mathfrak{q}}$ folgt, daß

$$C(\mathrm{i}\hbar\dot{\mathfrak{q}}) = C(\mathfrak{q}H - H\mathfrak{q}) = -(\mathfrak{q}H' - H'\mathfrak{q})C = -\mathrm{i}\hbar\dot{\mathfrak{q}}C\,,$$

und daher

$$C\mathrm{i} + \mathrm{i}C = 0\,.$$

Dieses Resultat besagt, daß der Operator **i**, der sowohl in der nichtrelativistischen wie der relativistischen Quantenmechanik auftritt, nicht als ein imaginäres Vielfaches des Einheitsoperators aufgefaßt werden sollte, sondern wie wir es in 1.4 vorgeschlagen haben, als ein eigenständiger Operator.

Übung 23. Beweise, daß $q_\alpha p'_\beta - p'_\beta q_\alpha = \mathrm{i}\hbar\delta_{\alpha\beta}$ eine Folge von $q_\alpha p_\beta - p_\beta q_\alpha = \mathrm{i}\hbar\delta_{\alpha\beta}$ ist.

7.3 Diracs Theorie des Elektronenspins

Diracs Theorie des Elektrons beruht auf einer speziellen Interpretation der Quadratwurzel im relativistischen Ausdruck der Energie. Bei Abwesenheit eines elektromagnetischen Feldes nimmt man an, daß

$$(m^2c^2 + \mathfrak{p}^2)^{1/2} = mc\beta + \mathfrak{p}\cdot\boldsymbol{\alpha}\,,$$

wobei β und $\boldsymbol{\alpha}$ von m und $\mathbf{p}$ unabhängige Operatoren sind, die mit $\mathbf{q}$ und $\mathbf{p}$ kommutieren. Um die Existenz solcher Operatoren zu verifizieren, quadrieren wir die obige Gleichung und erhalten

$$\begin{aligned} m^2c^2 + \mathbf{p}^2 = {} & m^2c^2\beta^2 + p_1^2\alpha_1^2 + p_2^2\alpha_2^2 + p_3^2\alpha_3^2 \\ & + mc\{\beta, \mathbf{p}\cdot\boldsymbol{\alpha}\} + p_1p_2\{\alpha_1, \alpha_2\} + p_2p_3\{\alpha_2, \alpha_3\} \\ & + p_3p_1\{\alpha_3, \alpha_1\}, \end{aligned}$$

$\{A, B\}$ bedeutet, wie üblich, $(AB + BA)$. Diese Gleichung ist dann und nur dann identisch erfüllt, wenn β und $\boldsymbol{\alpha}$ den Gleichungen

$$\begin{aligned} \beta^2 = \alpha_1^2 = \alpha_2^2 = \alpha_3^2 = 1\,; \\ \{\beta, \boldsymbol{\alpha}\} = \{\alpha_1, \alpha_2\} = \{\alpha_2, \alpha_3\} = \{\alpha_3, \alpha_1\} = 0 \end{aligned}$$

genügen. Setzen wir

$$\sigma_1 = -\mathrm{i}\alpha_2\alpha_3, \quad \sigma_2 = -\mathrm{i}\alpha_3\alpha_1, \quad \sigma_3 = -\mathrm{i}\alpha_1\alpha_2\,;$$

so ist

$$\sigma_1^2 = -\alpha_2\alpha_3\alpha_2\alpha_3 = \alpha_3\alpha_2^2\alpha_3 = \alpha_3^2 = 1\,;$$

entsprechend folgt $\sigma_2^2 = 1$ sowie

$$\sigma_1\sigma_2 = -\alpha_2\alpha_1 = \mathrm{i}\sigma_3 = \alpha_3\alpha_1\alpha_2\alpha_3 = -\sigma_2\sigma_1\,.$$

Das sind die Definitionsgleichungen der Paulimatrizen, die, wie wir in 5.3 sahen, zur Darstellung des Spins $\mathbf{S} = \frac{1}{2}\hbar\boldsymbol{\sigma}$ eines Teilchens vom Spin 1/2 verwendet werden.

Definieren wir

$$\beta' = -\mathrm{i}\alpha_1\alpha_2\alpha_3\,,$$

so ist

$$\begin{aligned} \boldsymbol{\alpha} = \beta'\boldsymbol{\sigma} = \boldsymbol{\sigma}\beta', \\ \beta'^2 = 1, \quad \{\beta, \beta'\} = 0\,. \end{aligned}$$

Also bilden β, β' und $\beta'' = -\mathrm{i}\beta\beta'$ einen zweiten Satz von Pauli-Matrizen, die mit den Spinmatrizen kommutieren. Die Formel

$$(m^2c^2 + \mathbf{p}^2)^{1/2} = mc\beta + \mathbf{p}\cdot\boldsymbol{\sigma}\beta'$$

zeigt, daß der Operator

$$\sigma_p = \mathbf{p}\cdot\boldsymbol{\sigma}/|\mathbf{p}|$$

(wobei $|\mathbf{p}|$ diejenige Quadratwurzel von $\mathbf{p}^2$ ist, deren Eigenwerte alle positiv sind) mit $(m^2c^2 + \mathbf{p}^2)^{1/2}$ und daher mit der Energie kommutiert. Da $\sigma_p^2 = \mathbf{p}^2/|\mathbf{p}|^2 = 1$ ist, so sind die Eigenwerte von σ_p: $+1$ und -1. Es gibt also insgesamt *vier* unabhängige Vektoren, die den Gleichungen

$$H\psi = c(m^2c^2 + \mathbf{k}^2)^{1/2}\psi, \quad \mathbf{p}\psi = \mathbf{k}\psi$$

genügen. Sie sind ψ_{++}, ψ_{+-}, $\psi'_{-+} = C\psi_{-+}$ und $\psi'_{--} = C\psi_{--}$ mit den Eigenschaften

$$\sigma_p \psi_{++} = \psi_{++}, \quad \sigma_p \psi_{+-} = -\psi_{+-},$$
$$\sigma_p \psi'_{-+} = \psi'_{-+}, \quad \sigma_p \psi'_{--} = -\psi'_{--}.$$

Von diesen sind ψ_{++} und ψ_{+-} Teilchen zugeordnet, deren Spin parallel bzw. antiparallel zum Impuls gerichtet ist, und ψ'_{-+} sowie ψ'_{--} den zugehörigen Antiteilchen, deren Spin ebenfalls parallel oder antiparallel zum Impuls steht.

Mit Hilfe der Relationen $\{C, \mathrm{i}\} = 0$ und

$$\{C, (m^2c^2 + \mathbf{p}^2)^{1/2}\} = \{C, \mathbf{p}\} = 0,$$

die bei Abwesenheit eines elektromagnetischen Feldes gelten, sieht man leicht ein, daß C mit $\boldsymbol{\alpha}$ kommutiert, aber mit β, $\boldsymbol{\sigma}$ und β' antikommutiert. Es ist auch einfach, vierdimensionale Matrizen zu finden, die die geforderten Eigenschaften besitzen, z. B.

$$\alpha_1 = \begin{bmatrix} 0 & 1 & 0 & 0 \\ 1 & 0 & 0 & 0 \\ 0 & 0 & 0 & -1 \\ 0 & 0 & -1 & 0 \end{bmatrix} \qquad \alpha_2 = \begin{bmatrix} 1 & 0 & 0 & 0 \\ 0 & -1 & 0 & 0 \\ 0 & 0 & -1 & 0 \\ 0 & 0 & 0 & 1 \end{bmatrix}$$

$$\alpha_3 = \begin{bmatrix} 0 & 0 & 1 & 0 \\ 0 & 0 & 0 & 1 \\ 1 & 0 & 0 & 0 \\ 0 & 1 & 0 & 0 \end{bmatrix} \qquad \beta = \begin{bmatrix} 0 & 0 & -\mathrm{i} & 0 \\ 0 & 0 & 0 & -\mathrm{i} \\ \mathrm{i} & 0 & 0 & 0 \\ 0 & \mathrm{i} & 0 & 0 \end{bmatrix}.$$

Übung 24. Zeige, wie man einen beliebigen Vektor, der die Gleichungen $H\psi = (m^2c^2 + \mathbf{k}^2)^{1/2}\psi$ und $\mathbf{p}\psi = \mathbf{k}\psi$ erfüllt, in die Komponenten

$$\psi_{++} = \tfrac{1}{4}(1 + \sigma_p)[1 + (mc\beta + \mathbf{k}\cdot\boldsymbol{\alpha})/(m^2c^2 + \mathbf{k}^2)^{1/2}]\psi,$$
$$\psi_{+-} = \tfrac{1}{4}(1 - \sigma_p)[1 + (mc\beta + \mathbf{k}\cdot\boldsymbol{\alpha})/(m^2c^2 + \mathbf{k}^2)^{1/2}]\psi,$$
$$\psi'_{-+} = \tfrac{1}{4}C(1 + \sigma_p)[1 - (mc\beta - \mathbf{k}\cdot\boldsymbol{\alpha})/(m^2c^2 + \mathbf{k}^2)^{1/2}]\psi,$$
$$\psi'_{--} = \tfrac{1}{4}C(1 - \sigma_p)[1 - (mc\beta - \mathbf{k}\cdot\boldsymbol{\alpha})/(m^2c^2 + \mathbf{k}^2)^{1/2}]\psi,$$

zerlegen kann. Erläutere das Ergebnis.

7.4 Geladenes Teilchen im elektromagnetischen Feld

Das Verfahren des letzten Abschnittes läßt sich einfach auf den Fall übertragen, daß ein elektromagnetisches Feld vorhanden ist. Ist e die Ladung eines Teilchens (*negativ* für ein Elektron) so nehmen wir als Hamiltonoperator

$$H = c[mc\beta + (\mathbf{p} - e\mathbf{A}/c)\cdot\boldsymbol{\alpha}] + e\phi,$$

wobei $\boldsymbol{\alpha}$ und β denselben (Anti-)Vertauschungsregeln genügen wie zuvor. Es ist jedoch zu beachten, daß der Ausdruck $mc\beta + (\mathbf{p} - \mathbf{A}/c)\boldsymbol{\alpha}$ keine exakte Quadratwurzel aus $m^2c^2 + (\mathbf{p} - e\mathbf{A}/c)^2$ ist. Die obige Formel stellt also eine Abweichung von der klassischen Theorie dar. Tatsächlich ist

$$\begin{aligned}(H - e\phi)^2 &= c^2[mc\beta + (\mathbf{p} - e\mathbf{A}/c)\cdot\boldsymbol{\alpha}]^2, \\ &= m^2c^4 + c^2[(\mathbf{p} - e\mathbf{A}/c)\cdot\boldsymbol{\alpha}]^2\end{aligned}$$

und

$$\begin{aligned}&[(\mathbf{p} - e\mathbf{A}/c)\cdot\boldsymbol{\alpha}]^2 = (\mathbf{p} - e\mathbf{A}/c)^2 + \alpha_1\alpha_2[p_1 - eA_1/c, p_2 - eA_2/c] \\ &\quad + \alpha_2\alpha_3[p_2 - eA_2/c, p_3 - eA_3/c] + \alpha_3\alpha_1[p_3 - eA_3/c, p_1 - eA_1/c] \\ &\quad = (\mathbf{p} - e\mathbf{A}/c)^2 - (e\hbar/c)\,\boldsymbol{\sigma}\cdot\mathbf{B},\end{aligned}$$

wobei $\mathbf{B}$ die magnetische Induktion ist; denn es ist $\alpha_1\alpha_2 = i\sigma_3$, etc. und $[A_2, p_1] - [A_1, p_2] = i\hbar B_3$, etc. Also ist $mc\beta + (\mathbf{p} - e\mathbf{A}/c)\cdot\boldsymbol{\alpha}$ in Strenge eine Quadratwurzel aus

$$m^2c^2 + (\mathbf{p} - e\mathbf{A}/c)^2 - (e\hbar/c)\,\boldsymbol{\sigma}\cdot\mathbf{B},$$

was in der nicht-relativistischen Näherung übergeht in

$$H \approx mc^2 + \tfrac{1}{2}[(\mathbf{p} - e\mathbf{A}/c)^2 - (e\hbar/c)\,\boldsymbol{\sigma}\cdot\mathbf{B}]/m + e\phi.$$

Der zusätzliche Energiebeitrag $-e\hbar\boldsymbol{\sigma}\cdot\mathbf{B}/(2mc)$ kann interpretiert werden als ein dem Elektron innewohnendes magnetisches Moment $\boldsymbol{\mu}$ von der Größe

$$\boldsymbol{\mu} = -e\hbar\boldsymbol{\sigma}/(2mc).$$

Diese Vorhersage der Diracschen Theorie ist von Seiten des Experiments wohl bestätigt. Man beachte, daß für ein Elektron $-e$ positiv ist.

Ein Problem, das im folgenden behandelt wird, betrifft die Bewegung eines geladenen Teilchens in einem elektrostatischen Feld. Das Feld ist dann durch

$$\mathbf{A} = 0, \quad \phi = -(Kc/e)\,r^{-1}$$

gegeben, wobei K eine Konstante ist und $r^2 = \mathbf{q}^2$ mit $\mathbf{q}$ als dem Vektor der räumlichen Entfernung von einem festen Punkt $\mathbf{q}_0$. In der Anwendung auf das Wasserstoffatom ist $\mathbf{q}_0$ der Schwerpunkt des Atoms. Es sind dann die Eigenwerte von H mit

$$H = c(mc\beta + \mathbf{p}\cdot\boldsymbol{\alpha} - K/r)$$

zu bestimmen. Jedoch erweist es sich als günstig, zuvor die Quantisierung des Drehimpulses zu behandeln.

7.5 Eigenzustände des Drehimpulses

Der gesamte Drehimpuls eines Teilchens vom Spin 1/2 ist

$$\mathbf{J} = \mathbf{L} + \mathbf{S},$$
$$\mathbf{L} = \mathbf{x} \times \mathbf{p}, \quad \mathbf{S} = \tfrac{1}{2}\hbar\boldsymbol{\sigma}.$$

Wir wollen zunächst zeigen, daß $\mathbf{J}$ mit dem Hamiltonoperator H eines Teilchens in einem Zentralfeld kommutiert. Da $\mathbf{L}$ mit r kommutiert und $\boldsymbol{\sigma}$ mit β und β' (wobei $\boldsymbol{\alpha} = \beta'\boldsymbol{\sigma}$ ist), genügt es zu zeigen, daß $\mathbf{J}$ mit $\mathbf{p}$, $\boldsymbol{\sigma}$ kommutiert. Nun gilt aber

$$[L_3, \mathbf{p}\cdot\boldsymbol{\sigma}] = \mathrm{i}\hbar(p_2\sigma_1 - p_1\sigma_2),$$
$$[S_3, \mathbf{p}\cdot\boldsymbol{\sigma}] = \mathrm{i}\hbar(p_1\sigma_2 - p_2\sigma_1),$$

so daß J_3 mit $\mathbf{p}\cdot\boldsymbol{\sigma}$ kommutiert. Ähnlich zeigt man, daß auch J_1 und J_2 mit $\mathbf{p}\cdot\boldsymbol{\sigma}$ kommutieren. Folglich kommutieren H, J_3 und $\mathbf{J}^2$ untereinander und haben gemeinsame Eigenvektoren

$$H\psi = E\psi, \quad J_3\psi = j_3\hbar\psi, \quad \mathbf{J}^2\psi = j(j+1)\hbar^2\psi;$$

j_3 und j nehmen nach 5.4 entweder halbzahlige oder ganzzahlige Werte an mit $-j \leqq j_3 \leqq j$. Nun ist $j_3 = l_3 + s_3$, wobei l_3 und s_3 die Eigenwerte von $L_3/\hbar$ und $S_3/\hbar$ sind. Da aber l_3 ganzzahlig und $s_3 = \pm 1/2$ ist, kann j_3 nur halbzahlige Eigenwerte haben. Daher nimmt j auch nur halbzahlige Werte an.

Übung 25. Zeige, daß $j = l + 1/2$ oder $j = l - 1/2$ ist, wobei $l(l+1)$ der Eigenwert von $\mathbf{L}^2/\hbar^2$ ist.

Aus dem Ergebnis der Übungsaufgabe folgt, daß die Eigenwerte von

$$\mathbf{L}\cdot\mathbf{S} = \tfrac{1}{2}(\mathbf{J}^2 - \mathbf{L}^2 - \mathbf{S}^2)$$

lauten:

$$\tfrac{1}{2}[(l \pm \tfrac{1}{2})(l \pm \tfrac{1}{2} + 1) - l(l+1) - \tfrac{3}{4}]\hbar^2,$$

d.h. $\frac{1}{2}l\hbar^2$ und $-\frac{1}{2}(l+1)\hbar^2$. Dies folgt auch aus

$$(\mathbf{L}\cdot\mathbf{S} - \tfrac{1}{2}l\hbar^2)[\mathbf{L}\cdot\mathbf{S} + \tfrac{1}{2}(l+1)\hbar^2]\psi = 0,$$

was in 5.5 für $\frac{1}{2}\hbar L_\sigma = \mathbf{L}\cdot\mathbf{S}$ bewiesen wurde. Ein anderes wichtiges Ergebnis, das wir ebenfalls aus 5.5 entnehmen, ist die Relation

$$(\mathbf{L}\cdot\mathbf{S} + \tfrac{1}{2}\hbar^2)\mathbf{q}\cdot\mathbf{S} + \mathbf{q}\cdot\mathbf{S}(\mathbf{L}\cdot\mathbf{S} + \tfrac{1}{2}\hbar^2) = 0;$$

mit

$$\Lambda = -(2\mathbf{L}\cdot\mathbf{S} + \hbar^2)/\hbar + 2\mathrm{i}K\mathbf{q}\cdot\mathbf{S}\beta'/r,$$

worin K eine beliebige numerische Konstante und $\beta'^2 = 1$ sind, folgt daraus

$$\Lambda^2 = (2\mathbf{L}\cdot\mathbf{S} + \hbar^2)^2/\hbar^2 - K^2\hbar^2.$$

Die Eigenwerte von Λ^2 sind also $[(l+1)^2 - K^2]\hbar^2$ und $(l^2 - K^2)\hbar^2$. Da für $K = 0$ aber $\Lambda = -(2\mathbf{L}\cdot\mathbf{S} + \hbar^2)/\hbar$ ist, sind die Eigenwerte λ_+ und λ_- von Λ gegeben durch

$$\lambda_+ = [(l+1)^2 - K^2]^{1/2}\hbar\,,$$
$$\lambda_- = -(l^2 - K^2)^{1/2}\hbar\,.$$

7.6 Die Feinstruktur der Energieniveaus des Wasserstoffatoms

Wir sind nun in der Lage, die möglichen Energieeigenwerte eines Teilchens in einem Zentralfeld anzugeben. Ist E solch ein Eigenwert und ψ der zugehörige Eigenvektor, so ist

$$H\psi/c = (mc\beta + \mathbf{p}\cdot\boldsymbol{\alpha} - K/r)\psi = E\psi/c\,.$$

Setzen wir dann

$$\psi = (E/c + mc\beta + \mathbf{p}\cdot\boldsymbol{\alpha} + K/r)\chi\,,$$

so genügt der Vektor χ der Gleichung

$$(E/c + K/r)^2\chi = (m^2c^2 + \mathbf{p}^2 + [\mathbf{p}\cdot\boldsymbol{\alpha}, K/r])\chi$$
$$= (m^2c^2 + \mathbf{p}^2 + \mathrm{i}\hbar K\boldsymbol{\alpha}\cdot\mathbf{q}/r^3)\chi\,.$$

Nach 4.5 ist nun

$$\mathbf{p}^2 = p_r^2 + \mathbf{L}^2/r^2$$

und da

$$2\mathbf{L}\cdot\mathbf{S}(2\mathbf{L}\cdot\mathbf{S} + \hbar^2) = \mathbf{L}^2\hbar^2\,,$$

so folgt

$$\mathbf{p}^2 = p_r^2 + 2\mathbf{L}\cdot\mathbf{S}(2\mathbf{L}\cdot\mathbf{S} + \hbar^2)/(\hbar^2r^2)\,.$$

Ferner ist

$$\boldsymbol{\alpha}\cdot\mathbf{q} = \boldsymbol{\sigma}\cdot\mathbf{q}\beta' = 2\mathbf{q}\cdot\mathbf{S}\beta'/\hbar\,,$$

so daß wir mit dem im vorigen Abschnitt definierten Λ

$$(E^2/c^2 - m^2c^2)\chi = [p_r^2 - 2KE/(cr) + \Lambda(\Lambda + \hbar)/r^2]\chi$$

erhalten. Dies ist das relativistische Gegenstück zur nicht-relativistischen Gleichung

$$2mE_n\chi = [p_r^2 - 2Kmc/r + l(l+1)\hbar^2/r^2]\chi\,;$$

E_n ist der nicht-relativistische Eigenwert der Energie, er ist ungefähr gleich $E - mc^2$.

Das relativistische Problem ist also auf die Bestimmung der Eigenwerte des linearen Operators

$$A = p_r^2 - 2KE/(cr) + \Lambda(\Lambda + \hbar)/r^2$$

zurückgeführt. Die Eigenwerte von Λ sind schon aus dem letzten Abschnitt bekannt und die von

$$A = p_r^2 + 2a_1 b_1/r + b_1(b_1 - \hbar)/r^2$$

für beliebige Werte a_1 und b_1 aus 6.1. Hier ist

$$a_1 b_1 = -KE/c,$$
$$b_1 = (l^2 - K^2)^{1/2}\hbar \quad \text{oder} \quad = -[(l+1)^2 - K^2]^{1/2}\hbar .$$

Also sind die Eigenwerte $a^{(n)}$ von A gegeben durch

$$a^{(n)} = -a_n^2,$$
$$a_n b_n = a_1 b_1 = -KE/c,$$
$$b_n = n\hbar + b_1 - \hbar \quad \text{wenn} \quad b_1 > 0,$$
$$b_n = n\hbar - b_1 \quad \text{wenn} \quad b_1 < 0,$$

wobei n eine positive ganze Zahl ist. Es folgt

$$E^2/c^2 - m^2c^2 = -K^2E^2/(b_n c)^2,$$

mit

$$b_n = (n-1)\hbar + (l^2 - K^2)^{1/2}\hbar$$

oder

$$n\hbar + [(l+1)^2 - K^2]^{1/2}\hbar .$$

Somit erhalten wir schließlich

$$E = mc^2(1 + K^2/b_n^2)^{-1/2}.$$

Bei der Anwendung auf das Wasserstoffatom ist $K = e^2(4\pi\hbar c) = 1/137{,}04$, wobei e die Elektron-Ladung in Heaviside-Einheiten ist. Also ist $K^2 \ll 1$ und b_n ist, wenn auch nicht exakt, so doch praktisch ein ganzes Vielfaches von $\hbar$. Für einen festen Wert von $n+1$ und verschiedenen Werten von l erhält man geringfügig unterschiedliche Werte für b_n und damit auch für E. Das ist die Diracsche Theorie der beobachteten Feinstruktur der Energieniveaus des Wasserstoffatoms.

Beispiele VII

1. Untersuche das quantenmechanische Verhalten eines Elektrons in einem konstanten Magnetfeld $\mathbf{B}$ in folgender Weise: Zeige zunächst, daß das Vektorpotential durch $\mathbf{A} = \frac{1}{2}\mathbf{B} \times \mathbf{x}$ gegeben und der Hamiltonoperator daher von der Form ist

$$H = c[mc\beta + \boldsymbol{\alpha} \cdot (\mathbf{p} - \tfrac{1}{2}e\mathbf{B} \times \mathbf{x}/c)].$$

Der konstante Vektor **B** möge in x_3-Richtung weisen. Verwende den Ansatz

$$\psi = [(E/c) + mc\beta + \boldsymbol{\alpha}\cdot(\mathbf{p} - \tfrac{1}{2}e\mathbf{B}\times\mathbf{x}/c)]\,\chi$$

für den Eigenvektor zum Eigenwert E und gewinne daraus die Eigenwertgleichung

$$\begin{aligned}(E/c)^2\,\chi = [m^2c^2 + \mathbf{p}^2 + \tfrac{1}{4}e^2B_3^2(x_1^2 + x_2^2)/c^2 \\ + \mathrm{i}\hbar e B_3\alpha_1\alpha_2/c - eB_3L_3/c]\,\chi\,,\end{aligned}$$

und zeige, daß

$$(E/c)^2 = m^2c^2 + p_3'^2 + [n\,|eB_3| - (l_3 \pm 1)\,eB_3]\,\hbar/c\,.$$

Dabei ist p_3' der Eigenwert von p_3, n eine positive ganze Zahl und $l_3\hbar$ der Eigenwert von L_3 (so daß auch l_3 eine ganze Zahl ist). Beweise, daß $n \geqq |l_3| + 1$.

2. Untersuche in ähnlicher Weise das Verhalten eines Elektrons in einem konstanten elektrischen Feld, in dem $\mathbf{A} = \frac{1}{2}\mathbf{B}\times\mathbf{x}$ und $\phi = -\mathbf{E}\cdot\mathbf{x}$ ist.

3. Das Neutrino, ein masseloses neutrales Teilchen mit dem Spin $\frac{1}{2}$, wird durch einen Zustandsvektor ψ dargestellt, der stets die Relation $\beta'\psi = \psi$ erfüllt. Zeige, daß der Spin eines Neutrinos stets antiparallel, der des Antineutrinos dagegen parallel zum Impuls ist.

4. Zeige folgenden Tatbestand: Wird das Koordinatensystem um die x_3-Achse um den Winkel θ gedreht, so daß die neuen Koordinaten

$$x_1' = x_1\cos\theta - x_2\sin\theta\,,\qquad x_2' = x_2\cos\theta + x_1\sin\theta\,,\qquad x_3' = x_3\,,$$

lauten und werden die Matrizen $\boldsymbol{\alpha}$ und β durch die Rotation nicht geändert, so muß der Zustandsvektor ψ eines Teilchens vom Spin $\frac{1}{2}$ übergeführt werden in

$$\psi' = [\cos(\tfrac{1}{2}\theta) - \alpha_1\alpha_2\sin(\tfrac{1}{2}\theta)]\,\psi\,,$$

damit die Form der Diracgleichung invariant bleibt.

5. Zeige, daß die Lorentztransformation der Koordinaten und Zeiten zweier Beobachter 0 und 0′, deren relative Geschwindigkeit längs der x_1-Achse c tgh u ist, in der Form

$$\begin{aligned} t' &= t\cosh u - (x_1/c)\sinh u\,,\\ x_1' &= x_1\cosh u - ct\sinh u\,,\\ x_2' &= x_2\,,\qquad x_3' = x_3 \end{aligned}$$

geschrieben werden kann. Zeige, daß die Vektoren ψ und ψ', die von den Beobachtern 0 und 0′ zur Beschreibung eines Teilchens vom Spin $\frac{1}{2}$ benutzt werden, durch die Relation

$$\psi' = [\cosh(\tfrac{1}{2}u) - \alpha_1 \sinh(\tfrac{1}{2}u)]\,\psi = \exp(-\tfrac{1}{2}u\alpha_1)\,\psi$$

verknüpft sind.

6. Vielfach benutzt man statt β und $\boldsymbol{\alpha}$ die Matrizen γ_λ ($\lambda = 0, 1, 2, 3$), die durch

$$\gamma_0 = \beta\,, \qquad \boldsymbol{\gamma} = \beta\boldsymbol{\alpha}\,,$$

definiert sind. Zeige, daß die Diracsche Gleichung eines freien Teilchens in der Form

$$(\gamma_0 p_0 - \boldsymbol{\gamma}\cdot\mathbf{p})\,\psi = m c \psi$$

geschrieben werden kann mit $p_0 = H/c$, und daß

$$(\gamma_0 p_0 - \boldsymbol{\gamma}\cdot\mathbf{p})^2 = p_0^2 - \mathbf{p}^2 = m^2\,.$$

Anhang: Diracs „bra-ket“ Schreibweise

Die von Dirac ersonnene und von vielen Lesern seines bekannten Lehrbuches [17] benutzte ,,bra-ket'' Schreibweise ist eine einfache Modifikation der hier verwendeten Schreibweise. Anstelle von ψ wird das ,,*ket*“ $|\,>$ zur Bezeichnung eines beliebig normierten Vektors benutzt. Der konjugierte Vektor ψ^*, der als Komponenten die konjugiert komplexen Komponenten von ψ hat, wird durch das ,,*bra*“ $<\,|$ dargestellt. Das ket $|a>$ bezeichnet den normierten Eigenvektor von A zum Eigenwert a. Ein gemeinsamer Eigenvektor von A und B zu den Eigenwerten a bzw. b wird durch das ket $|a, b>$ gekennzeichnet. Das Skalarprodukt der Vektoren $\phi = |a>$ und $\psi = |b>$ hat die Form $\phi^*\psi = <a|b>$. Die folgenden Gleichungen illustrieren hinreichend den Gebrauch dieser Schreibweise

$$A\,|a^{(j)}\rangle = a^{(j)}\,|a^{(j)}\rangle$$

$$A\,|a^{(j)}, b^{(k)}\rangle = a^{(j)}\,|a^{(j)}, b^{(k)}\rangle, \quad B\,|a^{(j)}, b^{(k)}\rangle = b^{(k)}\,|a^{(j)}, b^{(k)}\rangle$$

$$\langle a|b\rangle = \langle b|a\rangle^*$$

$$\langle a|B|b\rangle = b\,\langle a|b\rangle$$

$$\langle a|C|b\rangle = \langle b|C^*|a\rangle^*\,.$$

Man beachte die folgenden äquivalenten Bezeichnungen

$$\langle a^{(k)}|b^{(l)}\rangle = \phi^{(k)*}\psi^{(l)} = \Sigma_j \phi_j{}^{(k)*}\psi_j{}^{(l)} = (\phi^{(k)}, \psi^{(l)})$$

$$\langle a|C|b\rangle = \phi^* C\psi = \Sigma_j \Sigma_k \phi^*{}_j C_{jk}\psi_k = (\phi, C\psi)\,.$$

Literatur

[1] PLANCK, M.: Dtsch. Phys. Gesell. Verh. **2**, 202, 237 (1900).
[2] EINSTEIN, A.: Ann. d. Physik **20**, 199 (1906).
[3] DE BROGLIE, L.: Contes Rendus **177**, 507 (1923); **179**, 39 (1924).
[4] SCHRÖDINGER, E.: Ann. d. Physik **79**, 361, 489 (1926).
[5] PLANCK, M.: The universe in the light of modern physics. London: G. Allen and Unwin Ltd 1931.
[6] SCHLIPP, P. A. (Editor): ALBERT EINSTEIN: Philosopher scientist. New York: Tudor Pub. Co. 1951.
[7] DE BROGLIE, L.: J. Phys. Rad. **20**, 963 (1959).
[8] SCHRÖDINGER, E.: Nuov. Cim. X **1**, 5 (1955).
[9] JANOSSY, L.: Acta. Phys. Hungar. **1**, 423 (1952).
[10] BOHM, D., and J. P. VIGIER: Phys. Rev. **96**, 208 (1954).
[11] HEISENBERG, W.: Z. Phys. **33**, 879 (1925).
[12] BORN, M., und P. JORDAN: Z. Phys. **34**, 858 (1925).
[13] HEISENBERG, W., M. BORN und P. JORDAN: Z. Phys. **35**, 557 (1926).
[14] SCHRÖDINGER, E.: Ann. Physik **79**, 734 (1926).
[15] BORN, M.: Z. Physik **37**, 863; **38**, 803 (1926).
[16] BOHR, N.: Phys. Rev. **48**, 696 (1935).
[17] Siehe P. A. M. DIRAC: Quantum mechanics. Oxford Univ. Press 1935; Proc. Roy. Soc. A **114**, 243, 710 (1927).
[18] HEISENBERG, W., und W. PAULI: Z. Physik **56**, (1929); **59**, 169 (1930).
[19] BORN, M., und P. JORDAN: Elementare Quantenmechanik. Berlin: Springer 1930.
[20] SCHRÖDINGER, E.: Proc. Roy. Irish Acad. A **46**, 9, 183 (1940); **47**, 53 (1941).
[21] INFELD, L., and T. E. HULL: Rev. Mod. Phys. **23**, 21 (1951).
[22] GREEN, H. S.: Phys. Rev. **90**, 270 (1953); Nuclear Physics **54**, 565 (1964).
[23] GREEN, H. S.: Nuovo Cimento, X **9**, 880 (1958).

GPSR Compliance
The European Union's (EU) General Product Safety Regulation (GPSR) is a set of rules that requires consumer products to be safe and our obligations to ensure this.

If you have any concerns about our products, you can contact us on

ProductSafety@springernature.com

In case Publisher is established outside the EU, the EU authorized representative is:

Springer Nature Customer Service Center GmbH
Europaplatz 3
69115 Heidelberg, Germany

www.ingramcontent.com/pod-product-compliance
Lightning Source LLC
Chambersburg PA
CBHW071721100426
42873CB00016B/365
* 9 7 8 3 5 4 0 0 3 5 6 2 6 *